讓狂人飛

著

社會要你學走，我們讓狂人飛

職場新鮮人 教戰手冊

GUIDE BOOK

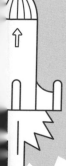

悅知文化

序

學習適合自己的知識，
找到想要的未來

　　讓狂人飛成立於2016年，一開始只是一個大學生自學的臉書粉絲團。天真的我們當時在網路上，無償分享各種軟實力與技能的教學懶人包，試著影響更多的社團人或新鮮人，讓大家能更懂得企劃、溝通、領導與工作生產力。轉眼過去就是五年，我們也成為了教育科技新創公司，使用自然語言 AI 與轉譯技術，為全球的線上教育市場，提供知識轉譯解決方案。

　　五年前，我們作為一群學校裡的社團人，在參加學校安排的社團培訓時，看著許多只會照唸 PPT 的社團老師，在台上教著文字藝術師、講著沒實作的 SWOT、談著年輕人沒有狼性，卻連傾聽學習需求都省略。那時我們發現：這些講師真的沒搞懂我們需要什麼。既然如此，不如就「自給自足」吧！

　　我們跑遍全台灣，聽了很多課、籌組了講師團隊、建立邀約系統。在我們的時代、用我們的方式、打造屬於我們的培訓方案。直到今日，每年有將近200場的工作坊邀約、線上累積600萬的流量、以及上萬名線下學生教導經驗，教育 AI 應用的成果屢被報導，讓我們知

道這是對的方向。

這些里程碑，僅來自「我們是年輕人，所以比較能跟年輕人溝通」嗎？或許，是一個原因，但背後更大的基石，是來自團隊講師的原創知識框架。

舉例來說，過去所學習的領導學，重視的是領導者的能力、特質、魅力，但對於 Y 世代與 Z 世代時，需要重視的是能力、意願、情感，不是單方面雕塑領導者的樣貌，而是關注被領導者的需求，或是把心理韌性從單純的抗壓性中抽離出來解析。團隊中有一位講師，年僅二十四歲就成為上市企業外聘人才顧問，上述原創教材就是由她所研發。這些都無法在經典管理學或 MBA 課本中找到，因為這可是她結合了心理科學近三年內的研究而設計的教材。也可以在本書找到她的見解，除了穿插在各篇章的心理研究應用，職場個人經營、團隊管理與溝通、專案執行與企劃等主題，也透過本書作者們的討論匯整，更系統化的呈現在書中 Part03 ～ Part06。

此外，更多框架諸如在社群分析時不用傳統六大情緒，而是改採愛恨情愁狂五大動力；企劃不談5W2H而是「有趣、有意義、可執行」金三角；自我介紹不用三個關鍵字，而是 Name Tag Now How 的四大公式。這些原創框架，全都來自本書作者們不斷設計、踩雷、修正、覆盤而成。這些 Y 世代知識的學舌鳥，狂妄不羈地挑戰前輩的框架，試圖建立新的典範。而這些原則與知識，也都會在這本書中略為揭曉，讓你可以在跑來現場上課前，就先知道「這次肯定值回票價」。

這本書的作者共有四名，是讓狂人飛的講者、知識工作者、也是前輩。有的選過議員開過書店、有的能寫乾貨也能修水電、有的從親子諮商到跨國企業顧問，有的從文創事業橫跨人工智慧。雖不敢說台灣頂尖，但都在二十幾歲就完成這些。那些伴隨著他們一路前進的，是解決問題的能力、批判覆盤的思維、巨大困境與機遇，以及絕招出盡後僅存的意志力。而在這本書中，我們將以最簡單的文字，讓你看懂最複雜的經驗。或許你能看得心有戚戚，或許你將有所學習，又或是能找出更好的做法。如果你還不確定，自己面對職場時還缺少什麼能力，不妨利用下一頁的職場檢核表，從你相對不足主題開始努力吧！

　　勤奮的學習者永遠有更多想讀的書，希望本書會成為你書架上的其中一本。我們不求你將此作為工作聖經，只求你在未來陷入自我懷疑時，能回想起書中所教的技巧。

　　這是屬於我們的時代，學習適合我們的知識，燃盡我們的光陰，走出我們的方向。

—— 讓狂人飛

職場能力檢核表

	總是	偶爾	很少	從不	分數
1. 我在面試中被面試官問倒	3	2	1	0	
2. 找不到自身的專長或價值	3	2	1	0	
3. 發現自己工作效率低落、產值不足	3	2	1	0	
4. 在團隊開會的時候迷失自我、毫無想法	3	2	1	0	
5. 認為團隊中的其他人不理解自己	3	2	1	0	
6. 把自己負責的任務或工作搞砸	3	2	1	0	
7. 與團隊的合作不順暢、溝通有誤會	3	2	1	0	
8. 自己的努力得不到同事或上司的認可	3	2	1	0	
9. 努力奮鬥，卻找不到工作的理由或意義	3	2	1	0	

依各題分數之加總，建議由合計分數最高之相關篇章先閱讀。

第三題＿＿分＋第九題＿＿分合計＿＿分，建議 Part01。

第一題＿＿分＋第二題＿＿分合計＿＿分，建議 Part02。

第三題＿＿分＋第七題＿＿分合計＿＿分，建議 Part03。

第五題＿＿分＋第八題＿＿分合計＿＿分，建議 Part04。

第四題＿＿分＋第七題＿＿分合計＿＿分，建議 Part05。

第六題＿＿分＋第八題＿＿分合計＿＿分，建議 Part06。

第九題＿＿分，建議 Part07。

Contents 目錄

Part 01
你，準備好進入職場了嗎？

Part 02
面試來了，該怎麼應對？

Part 03
個人技必備，成為團隊的戰力

Part 04
進入團隊，在生態中求生存

Part 05
團隊建議與會議技巧

Part 06
解決問題
才是你的價值所在

Part 07
有些在學校沒教你的工作事

Part 01

你，準備好
進入職場了嗎？

1.1
你是合格的職場人嗎？
第一次進入職場的心理建設

　　許多人在離開學校後，迷迷茫茫地跟著大家進入職場，尋得一份普通工作，薪水平平，工作內容也稱不上有趣。然後，幾年過去，也因為渾渾噩噩度日，休假天數不多，工作能力也沒有成長多少。一轉眼間，就要面對養兒育女和房貸車貸，人生又準備邁向下一個階段。如同當年大考前的時光，你發現再怎麼準備，已經交不出一張理想的成績單。

　　你驚醒，幸好這是別人的人生，自己還沒走到那裡。或許，**在思考如何進入職場之前，不如先思考怎麼離開職場。**

　　無論你對自己的工作是否抱有熱忱，我們先假設，你希望總有一天，自己可以不用再為了生計煩惱。在多數人的生涯規劃中，那一天就是完全退休的日子，從此以後的生活，都靠存款或子女支應，直到步入棺材的一天。

　　我們先屏除其他外在因素，家人健康不必負擔醫療照護的費用，也不用為子女置產的貸款煩惱。作為一個負責任的家長，為了不成為子

女的負擔，自己的退休生活，也全靠自己一生積攢的存款來支應，那這筆存款的數字，究竟得存到多少才夠你度過餘生呢？

考量到國人平均年齡，加上近代醫療技術的發展，我們預期自己的臨終之日，大約會在八十五歲左右。若想要在五十五歲的時候完全退休，意味著你必須在五十五歲以前，準備好最後這三十年的一切花費。假設你物慾不高，不再亂花大錢，也幸運的沒有病痛纏身，在這三十年間的生活，你僅僅需要每月兩萬元的生活費。至此，你可以得出完全退休所需的存款數字：720萬，夠你健康平凡的度過餘生。

回過頭來，各位的大學生涯，普遍在二十三歲畢業。考量到服兵役與修研究所，社會新鮮人有一份穩定的工作，平均年齡大約為二十五歲。距離你預期退休五十五歲，僅剩整整三十年。在這三十年的奮鬥過程中，日常生活開支無可避免，扣除學貸車貸房貸，再扣掉結婚生子養兒育女，你努力掙來的薪水，還剩多少變成退休存款？假設三十年不夠存，你打算奮鬥到什麼時候呢？

最理想的工作，就是不用工作

人生的價值觀可以隨時改變，成家立業或許不是所有人的共同目標。時代技術也在進步，此刻缺乏人力的產業，未來也許會被自動化取代。要一口氣思考完二、三十年的職場策略，並且一步不差的達成，或許太過不切實際。但無論如何，你得想清楚，此刻努力工作，究竟是為了什麼？我相信無須煩惱生計的情況下，沒有人想工作一輩子。

15

你應該認真思考，想過怎樣的退休生活？或者將眼光拉近一點，三十歲時想要怎樣的生活？工作與生活該如何平衡？收入與能力該達到什麼門檻？為了這些目標，就該慎重挑選眼前的工作。例如：薪水的標準、能力的成長、時間的配置，都是我們該考量。

另外，發現有些工作怎麼應徵也上不了，這時就要反思自己，是不是自我技能不足，該如何進修也是重點。

如何更靠近自己的理想一點，不應該迷茫過著朝九晚五的生活，而是要迫切解決即將發生的問題。

我們從網路社群與身邊親友的對談中，蒐集了大家對目前工作的不滿意，統整出最常見的三大問題：薪水太少、沒有學習成長的空間、工時過長或不固定。反過來說，只要薪水足夠、成長空間大、休假充足可控制，大部分的人都可以接受其餘的職場困境。為了方便思考，我們用以下公式來解說：

$$工作＝收入 \times 成長 \times 閒暇$$

以下是給予大家進入第一份工作時，該怎麼做好心理建設，職場並不可怕，可怕的是自己被龐大的情緒壓力所壓垮了。

第一份工作，該考量的只有錢

還滿多學生剛畢業沒多久，就會面臨學貸的繳款壓力。每個人家庭

狀況不同，或許還得負擔家中的房租和生活費，受限於嚴苛的經濟條件，在工作選擇上可能無法太自由。

這時，就該以淨收入為優先考量，底薪高很好，供三餐也很棒，需要加班也願意配合，即刻發薪更是首選。在這段時期，需要先把「能力成長」的目標放在一邊，活過當下才有未來。

別期望一輩子的工作，
時代淘汰人總是又急又快

收入並非唯一的重要條件。有些人或許會在入伍當兵期間，選擇簽下短期志願役，想用四年的時間先存下第一桶金。但根據你本身專業領域的不同，過完四年的軍中生活後，你可能會與一般職場脫節，原本的專業也可能生疏。例如科技業或社群行銷，不用到四年，短短四個月空窗，可能就會讓你手感歸零。

即便是餐飲或業務等傳統職類，雖然在這一二十年內看似穩定，只要好好做就能有不錯的薪水。但難保不會再次出現如同 Covid-19 等級的大事件，一口氣對整個產業型態或產品市場造成極大改變。甚至隨著自動化技術的發展，此刻如計程車司機或判讀 X 光片的醫師，在未來都有可能被 AI 所取代。

假設手頭還算寬裕，各種生活花費還有家裡能分攤，建議你將薪水的考量擺在成長性之後。假設你未來想投入社群行銷產業，小公司的行銷正職與奧美的無薪實習，哪一條路可以使你走得更遠、順利的在這個行業向上升遷，我想答案是很明確的。

工作不是唯一，
工作之外仍有更多可能性

假設有一份工作擺在眼前，成長性不高，每月薪資一萬五，但每週只需要工作兩天，你該如何考量？

除了收入與能力成長，實際工時也需要加入考量，高工時等於變相的低薪，適當的休假則可以避免積勞成疾。如同學生時期的工讀，在經濟缺口不大時，一份負擔不重的工作，就足以維持生計。而空閒下來的時間，你可以用來自我進修，準備研究所或考公職，考取證照或開發副業。

建議可以把時間留給家人與另一半，認真享受生活。又或者並非毫無目的的放鬆，假設你是選擇建築設計或家用產品開發等職類，利用這些閒暇深刻體驗日常，只為做出更貼近理想生活的體驗設計，放鬆有何不可呢？

明確目標、掌握動機、調配心力，
職場生活才正式開始

當有了明確的目標，才會想要全心投入。掌握努力奮鬥的動機，做任何事情都會變得更順利。也許你對文學推廣抱有熱情，想盡力為這個領域付出耕耘；也許你對工作本身毫無興趣，只想盡早存夠錢退休；也許你享受達成成就的喜悅，於是努力挑戰前輩們締造的銷售紀錄。想清楚你想在職場上獲得什麼，你將能更有效的分配心力。

每天懷抱理想與希望踏入職場，而非渾渾噩噩的打卡上下班。你深知此刻的磨練與堅持，會帶你通往怎樣的未來。現在你已經大致想通，三十歲想過怎樣的生活，甚至能看到十年二十年後的退休生活。

請抱持著對於未來的信心，以及打造好完美的心理建設，期許可以成為一名合格的職場人，就此展開職場上大大小小的挑戰吧！

1.2
進入職場前，
你需要具備的能力

　　進入職場，需要擁有正確的謀職心態只是合格的標準。從面試到就職，從職場新人到資深主管，每個職位都會有不同的考驗，每個階段的考驗難度也不同，要在職場上維持好表現，你還需要更全面的能力鍛鍊。

　　在撰寫本書的過程中，我們也針對公司的人才需求，訪問過數位企業主管與人資顧問，將公司對員工能力的期待，大略整理成下列五大分類。

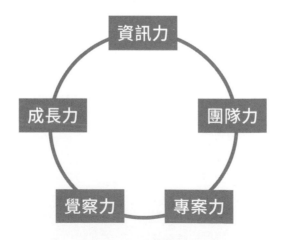

資訊力：資訊統整與呈現表達

　　無論你在學生時期有多少社團活動、企業實習、打工經驗，大多數人進入職場後，對於職場現況的理解都像是一張白紙。一般來說，公司在試用期或實習階段，他們並不會將你的優秀表現做為優先的考核標準。

　　相對的，公司會評估你對新資訊的吸收力。半天掌握公司環境，兩天熟悉工作內容，下個禮拜就要你做第一份產品分析。無論你擁有多少先備知識，面對變化萬千的資訊時代，能持續理解新事物才是真正的價值所在。

　　除了對新資訊的理解，同時也要學會表達技巧，無論是報表呈現或口頭陳述，讓主管和同事掌握你現階段的理解，對培訓效果會有極大的幫助。

團隊力：適應團隊與分工協作

　　進入職場，大多數的工作都是以小組為單位來執行，與團隊保持良好的互動與溝通，會對團隊氣氛有良好的幫助。在每一次的合作任務中，也要盡力融入團隊，找到自己的最適合位置，為公司帶來更多效益的同時，也減少團隊磨擦的耗損。

　　即便是個人工作者，或是獨立作業的業務專員，在工作中一定也有對應的聯絡窗口。如何明確釐清彼此的工作分野，在合作過程中，為所有合作夥伴提升效能，對長期的穩定合作與業務發展，必有大大的加分效果。

專案力：專業邏輯與問題解決

遇到問題時，必須利用自身的專業，分析事件的全貌，找出真正的關鍵變因。未能完全理解的情勢，則要試著用手邊的資訊與邏輯去推理。例如在行銷部門，遇到廣告成效不彰的問題，至少要知道先查看觸及狀況，接著便是從基本資訊開始檢核：廣告目的是現場人流還是銷售金額、目標客群是誰、宣傳管道有哪些、這次的廣告內容是否適合……等。

如同一名專業的醫師，面對病人絕對不是隨意用藥，而是仔細診斷後才開出處方。在職場也會面對各種困境，一定要盡可能找出核心的關鍵問題，看透問題才能對症下藥。

沒有人會當一輩子的新人，有些任務終究需要你獨自面對。公司會成長、會擴張，面臨的業務也會越來越繁重。當團隊需要你的經驗與能力時，就是你撕下新手標籤的好機會。當你不必事事詢問前輩主管，已經能自己做出正確的判斷，才能成為獨當一面的員工。

覺察力：情緒感知與自我檢視

職場上講究人與人的合作，每個人都會有不同的個性。在團隊中，可能會出現所謂「粗線條」的人，說話時往往不經大腦，對話的起手式都是以「我講話比較直接」，其實這也會導致合作破局的隱藏火線，這樣的人並不是合格的職場人。許多人只重視工作能力的培養，卻忽略了「個性」也能透過練習來養成。

若你明確知道，自己的某些說話習慣會傷害他人，卻完全不求改變，那就是明知故犯了。理解他人情緒沒有捷徑，只能透過不斷溝通，理解彼此情緒產生的原因。知道彼此在乎的重點，才能在日常生活中時時提醒自己，不要故意踩到對方的痛處。

除了理解他人，懂得檢視自我也很重要，每天問自己兩個問題：「今天心情好嗎？」、「今天身體狀況正常嗎？」。隨時掌握自己的身心變化，情緒波動時也能知道受到干擾的原因，身體狀況下滑時，就知道該讓自己放個假。別因為工作壓力而拖垮身體，維持身心健康才有職場高戰力。

成長力：持續學習與永久經營

無論是從事什麼樣的行業，即使現在的工作表現很好、收入也很高，一旦停下了成長的腳步，很快就會被時代追上，被潮流淘汰。無論此刻的工作有多辛苦，忙碌之餘也要找時間進修。當你發現老闆每個月比你多讀兩本書，你還有什麼理由說自己時間不夠？

主業發展若是穩定，也可以研究副業，可能是工作上常接觸的相關領域，或者從熟悉的興趣領域開始，用可負擔的成本打造第二筆收入。以實體活動專案助理為例，執行時常需串連各領域的工作項目，例如文宣手冊到展版輸出，需要與印刷廠接洽；場地器材或舞台燈光，需要與硬體廠商連繫；活動主視覺需要與平面設計師溝通；品牌合作需要與各單位請求授權。在多方接觸的過程中，若對特定領域有興趣，慢慢深入了解，也有機會成為進入該職類的跳板，從前一份

工作去延伸，也是許多人轉職的選擇途徑。

　要提專長結合興趣的案例，就得提到知名哲學講師朱家安，以哲學普及推廣為主業的同時，也因為自身對電玩遊戲的熱愛與深度了解，成為遊戲專欄作家。在分析講解遊戲機制的時候，也常以哲學理論做為切入點，成為獨一無二的「遊戲 × 哲學」評論家。

　現在網路社群發展興盛，統整自身的經驗與知識，以文章或影片的形式上傳，也能建立個人品牌。只要內容夠好，流量會帶來名氣，為往後的職涯發展提供更多可能。

1.3
進入團隊前的自我打氣，
少了自己卻不能迷失自己

在傳統華人社會中，許多人追尋的自我價值，常常是建立在社會大眾的認可。考高分的時候會被稱讚，於是努力爭取更好的成績；有一份好工作可以家長有面了，於是努力上醫科當醫師。雖然是願意要求自己的「自我成長者」，但這樣的自我要求，可能無法讓你達到理想的目標。

自我成長者有兩種，一種為自己而成長，另一種則是為他人而成長。雖然結果都是成長，但後者與前者的命運卻大大不同。為他人成長者，有時候看起來讓人心疼、有時看起來狂傲不羈，但都有個特色就是永遠無法在同一件事情撐太久，而且常常會換不同事情做，短期看下來好像光鮮亮麗，但拉長以 10 年維度來看，多半是一事半成。乍看之下以為是斜槓青年，實際上是騎驢找馬。

為自己成長者，不容易受外在的眼光或輿論影響，他知道自己想要的目標為何，能夠定下心來，穩穩的朝目標前進。為他人成長者則相反，一旦外界的目光轉移了，他就會失去努力的動機。沒有人稱讚，覺得考高分也沒意義；父母離世了，有好成就也不曉得能討誰開心。

一時之間失去方向，只好不斷轉換跑道，尋找下一個他人的肯定。

這樣一來，經驗與技術不易累積、難以建立長期信任的團隊、也更難接近自己所期望了人生巔峰。他們的常見循環：今天挑戰創業、明天挑戰就業、後天挑戰生命走出新道路，宣稱不想被世俗綁住。

這種人並非罪惡，通常產能也高到誇張，但這就像是在你的生日聚會上，除了你以外大家都很開心，卻有種說不上來的難過，為了自己的身心健康，或許我們該試著調整某些細節，找到可以努力的目標。

為什麼會自我迷失呢？

迷失的開始，來自於過去「做自己不想做的事時，才能得到認可」的經驗，於是，開始懷疑自己過去長期相信的事情，接著引發自我價值低落，而這就是迷失的開始。

坊間有一套說法：「若你努力的有方向，則每天過得很快又很累。若你只是為努力而努力，那麼，每天會過得很慢又很累。」這個說法大致正確，但，在此想分享一個更精確的分水嶺：當你不努力時，是否會感到自責與恐懼？如果有，就代表著你正為努力而努力著。畢竟你的目的是努力，那少了努力後自然會讓認知上有顯著的負面變化。若你屬於這者，接下來的步驟教學將帶你遠離迷失、重新找回清晰的目標。

將迷失的自己帶回的兩個步驟

步驟1　去邪教化

　　或許你會被這個標題嚇到，好奇「邪教」與極力追求成長與曝光有何關係。筆者要傳達的是：若你沒有目的的瘋狂努力，那麼，你的狀態將會跟入了邪教沒什麼兩樣，又或是成為邪教最容易攻掠的對象。為了要斷開這個類邪教的狀態，靠的就是「去邪教化」。

　　邪教的實際樣態非常抽象，可能是你的上司同事或親朋好友，或是所有意圖透過貶低你價值，進而控制你的人，更有可能是你心目中「社會大眾的期許」。無論邪教是以什麼樣態，介入你的日常生活，在此我們統一先以「他們」來代稱。

　　邪教的入侵大致上來自於你心裡的缺憾與未盡事宜，當你感受到低自我價值時。「他們」先是出現，利用巴南效應[1]的催化，以模擬兩可的形容，讓你以為「他們」理解你的內心。接著交派一個小任務，例如，邀請他人或是一起參與聚會，並在你完成任務後，給予鼓勵來建立起你的成就感與認同，讓你重拾「原來我也有能力完成他人期望」的感受，因而越陷越深。

　　整個過程中「他們」成為「價值提供方」，導致你認為「少了他們你就沒有價值」，但若你是帶自己的目標前進，那你應該「找到自己

---

1 巴南效應：人們會相信自己認為「對自己描述精確」的形容，即便該形容十分模糊、
　應用在任何人身上都通用，人們仍然會認為，該份對自己的敘述十分精準。

價值，不因少了誰而沒價值」。因此，去邪教化的第一步，就是去除外部負面因素。

不如我們專注在自我情緒的探究，例如「為了要持續感受到成就感，所以我每天都很努力工作，不論身體多痛苦」，實際上，驅動我們的卻是「害怕自己沒價值或成就感」。於是，我們先嘗試找出過去「不怕沒有成就感，但做好後有點成就感」的事情，例如「上班寫的第一份報告獲得主管讚賞」等。但重點是，這件事情必須是在「不做不會怎樣」的情況下。

🚶 步驟2　重建自由

在此舉一個例子。假設你今天被綁架了，綁匪一直用恐嚇語氣說：「你若不做什麼事情的話，我就會把你滅口！」這時的你因為太害怕了，於是照著他的指示來動作。但，心中想要自救，就必須得要偷偷做一些看起來無傷大雅，卻能讓你越來越自由、越接近逃脫的舉動。在警匪片中，通常是跟綁匪要求上廁所或喝水吃藥等小事情，等到幾次之後綁匪就會疏於看管，這時，就有機會一舉掙脫。

我們逃離「少了×××你就會毫無價值」的這個思考的過程，就像在逃離綁架，硬幹肯定會輸。這時靠的是智取。那些不得不做的事情或許無法一時半刻全都喊停，但可以嘗試要求一些自由。

在每一天要結束時，試著在紙上列下當天所有做的事情與完成的任務，連續七天不間斷。列完之後，把那些「害怕如果不做的話，會發生什麼事情」的都打三角形。而那些不做不會怎樣，但你自己覺得應該多做的，則打勾。

這些打三角形的,就是綁匪要你做的事情,下一次在做之前,想清楚是否有其必要性。打勾的,則是你可以要求的自由。接下來,就是將打勾的事情每週增加10%。而那些原本打三角形的事情,每次在做之前,試著想想自己有沒有其他理由幫它在下週改打勾。例如,主管要求要把簡報做好,導致你很痛苦,但你發現做完之後卻喚起以前失傳已久的藝術魂,想起國小三年級當過學藝股長,讓自己突然有個把簡報做好的動力。

以我為例,喜歡長裙是為了想要掩蓋自己腿短的缺點,但後來在穿長裙的過程中發現鏡中的自己有一種過去很少遇見的端莊賢淑感。這時,我從避免缺點顯露到喜歡上了一件事情,而這個喜歡,就是出自內心的喜歡,這就是一個把打三角形改成勾的過程。

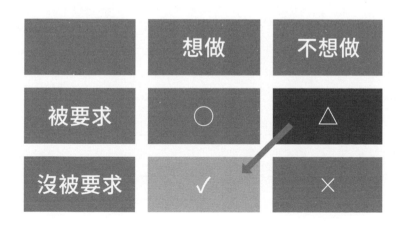

做自己喜歡的事，是不會被綁架的

一件你真正喜歡的事情，是不會綁架你的。是隨時都放得下，是拿起後會讓自己感受到成長。過去你常被家長或老師給拿來跟其他同學比較，比較後的結果總是刺在心頭，於是，就想要在各個領域超越他人，為了超越而超越，為了更有知名度而更有知名度，為了成長而成長。

研究顯示，快樂與物質富足與否皆無直接關係，但是與自我價值感非常有關。與其不斷尋求他人認可，不如找一件自己真心喜歡的事，失敗時會想繼續挑戰，完成時會打從心底開心，我們才有機會獲得真正的快樂。

1.4
別只想著聽從別人，
先學會聽懂自己

世界上有一種人，不論問他喜歡什麼或是在意什麼時，他的回答都是「不知道」。這種人容易讓人煩躁，輕則笑他生無大志，重則忽視他的意志。

「你喜歡什麼？」不知道。

「週末要不要一起去健行？」不知道。

「最近有個進修課程，要報名嗎？」不知道。

「你未來想要做什麼？」不知道。

會做出這種回答的可能原因有兩種。第一類是沒想過或懶得想，會有這種狀況，通常是在無意識中，想回避掉「思考」這件麻煩事。思考雖然費力，但經過思考後的行動，才能明確的達成目標、取得你所想要的收穫。第二類狀況是在思考過後，得出的結論仍然是「不知道」，或許你已經詢問過許多親友同事，但在多方意見的交雜下，反而使你陷入更繁雜的混亂。這時你需要的，其實是認真的傾聽自己的內心。

先學會聽懂自己

1 目的確認，避免衝刺途中沒油

是否曾經有過「很討厭上個版本的自己」的感覺？有時候伴隨著成長，我們太用力地跟過去揮別，彷彿厭惡過去的自己一樣。每個版本的自己都有相差甚遠的目標，有些人誤以為這是長大，但這只是在重開 Word，卻未曾在頁面上打下任何字。這樣的過程也許是某一些人意志被摧毀的黃泉路，若能早一點認識自己的那個當初，或許就能在熱情被生活摧毀殆盡前，找到一個屬於自己的目標。畢竟其他目標都是吃油的，只有屬於自己的目標才是核子動能的。

2 同理建立，同理自己才能同理別人

同理心技巧是當代顯學，若你的工作有與人溝通的需求，例如銷售、編輯、或是主管等，那你必須要試著去學習如何表現同理心、或是學習卸下你目標對象的心防。然而，不論怎麼閱讀所有書籍或上課，好像都只能學到表面技巧如肢體語言觀察、神經行為學等，反而很少體會到與人同笑同淚的感受呢？若你有這樣的感覺，並非你學藝不精，而是你在早期就把自己情緒或感受關閉，所以才無法從過去的經歷或情感中，去理解他人處境的情緒。

若想要成為洞察人心者，或是有溫度的人，那麼必須練習聽懂自己的聲音。

回到那個還有感覺的當初

做為剛進職場的新人，聽從前輩的指導，融入企業文化，是很合理的事。但偶爾總是會遇到，前輩所給的意見，與自身所學的經驗有所不同，面對價值衝突與職場壓力，便容易失去自己心中的標準。

透過熟練的文書工具，文件資料能快速匯整，但前輩卻要你一筆一筆複製貼上。公事完成便能準時下班，同事卻覺得加班是常態，應該和大家一起留在公司努力。想要將企劃的效益分析做得更精準，資深組員卻說，照慣例草草帶過就能交差。辦公室有不健康的人際氛圍，主管說這難以避免，睜一隻眼閉一隻眼，對大家都好……，漸漸的，你以為你正在學習職場文化，但只是放棄捍衛自己的價值而已。

四個步驟，重新聽見自己

步驟1 找到認知扭曲的地方，就是情緒被隱藏的地方

今天，你的朋友跑來向你哭訴自己的公司很糟糕……

朋友：「我老闆很 *)@$，公司好糟糕，該怎麼辦？」

你：「那麼，你已經盡自己所有的力了嗎？」

朋友：「我已經盡力了。」

你：「這樣啊，那怎麼不離職？」

於是朋友怒氣的說：「就不想啊，不知道離職後可以幹嘛啊！」

理性對話就此停住。若你未經世事，可能就會從理性辯論或斥責切

入；若你已看遍浮雲，則至少會傾聽後再開口。其實，對方早已進入一個小小的認知扭曲。扣除背後可能真的有什麼不得不的理由或勇氣不足等藉口，或許是「人們在不理性中，往往會把事情想得太負面，導致無法決定」。

可是，真的如此嗎？會不會我們都把因果搞錯了？

「如果公司變好了，他會因此不再抱怨嗎？」
「如果老闆照著朋友的意思決定了，之後就不會再埋怨了嗎？」
「如果完全照著朋友的意思，他就會愛上公司嗎？」

可能你提出上述的問句，朋友應該回說「會」；但放心，朋友會繼續抱怨其他事情的。這種「想要環境對自己好一些，卻無意改變，並持續把自己擺到負面的地位」的行為，本身就是一種慣性行為。在抱怨全程中的說詞、邏輯、定位其實都是變來變去。然而，有個顯而易見的東西從頭到尾都沒變化，這就是我們要找的關鍵——「難過」。難道「難過」並不是原因，而是目的？

以前總以為人類是因為思想負面所以難過。但，其實人類有時候是因為「想難過」，於是讓認知扭曲，讓自己才有難過的理由。正因為不被允許擁有這樣情緒，卻又想釋放情緒，於是創造出一個可以讓自己合理擁有情緒的場景。

🚶 步驟2　解除舊有防禦動作

就像前面所提的，或許對方只是想要釋放情緒，但人生不會只有單一事件，其實「認知扭曲」早已流竄在日常生活中，甚至都誤以為那

是人格特質的一部分，這就是「常態性認知扭曲」。以下舉出兩個常見版本，檢視自己是否中槍：

（1）過高自我要求

明明要求沒這麼高、明明工作沒這麼多，但就是想要多做點什麼、停不下來，好像「不做」就是一種罪惡。這種人雖然會讓老闆開心，持續在3～6年的長期過度自我燃燒，之後將會降低工作品質、更會瓦解工作的興趣。

這個背後原因，就是想透過不斷付出，來證明自己值得被愛，卻在成長過程中，體驗到的愛太少。看到那些很厲害、又很會工作的人在難過時，都會有人願意聽他們分享，或是給予一句「辛苦了」，所以才會讓你相信只有找到愛你的人，才能讓自己的情緒嶄露。

（2）自我病理化

若自己無法達成過高的自我要求，或是長期處於低社會連結，就會邁向另外一個極端，就是直接認為自己有生理或心理疾病，來求得他人給予多一些理解。既然大家不認同自己的情緒，不如就轉換成另一個旁人允許可以崩潰的樣子，於是宣告自己成為憂鬱症或是躁鬱症患者，是最快的方式。

這兩種都是在工作事業發展上常見的「常態性扭曲」，環境要求沒這麼高卻被自己定得很高，或是明明沒這麼嚴重卻被自己講的很嚴重。原因就是想要讓自己的情緒能被合理化。

👤 步驟 3　那些還沒讓你死去的理由

在這些期間，我們不論是自我病理或是要求過高、還是純粹單次性的認知扭曲，我們必然都做了一些有點門檻的行為，來讓自己能夠邁向「自己能被允許的樣子」，這並非壞事，而且若有機會，我會為你喝彩，因為不論做了什麼，這都是為自己而戰的開始。

所有行為都有意義，雖然結果很糟糕，但過程很勇敢，這個勇敢是能夠被再使用的。回想一下你在努力的過程中，花心思所做過的任何事情。為了裝病所以你話語遲緩，為了挑戰所以你日夜不眠，為了休息所以你不斷努力。我們拿起一張紙，條列起過去一個月以來為了「讓自己看起來不普通」而做的努力。寫完之後，估計會有87%冒出一點成就感。

👤 步驟 4　重新擁有情緒，其實我們都想了解自己

以前好像一定要努力到一個結果，才能被允許擁有情緒。其實，在努力的過程中，就可以帶著情緒了！

情緒就像是一個感觸指標，每個動作當下就要感受到自己的情緒。可以因為工作或當下環境而隱藏，但必須意識到自己有情緒的狀況。來慢慢地建立起「原來遇到＿＿我會難過」、「原來看到＿＿我會憤怒」、「原來遇到＿＿我會失望」長期延伸，而就是聽見自己聲音的開始。

反過來說，若我們持續壓抑這個本能，就像是手被燙到卻不移開，到最後帶來的是更多傷害，原本只是想要被允許有一些情緒，卻讓需

求無限上綱的擴大，最終變成空殼。市面上書籍乍看一句「接納自己情緒」，其實背後是這複雜的四個步驟。

如果你是一個想快速弄懂別人或自己在想什麼的人，這章可能會讓你失望。因為這是一個長期練習與內化的根治方案。

正如前面所提「不知道自己要什麼」不存在，「害怕說出要什麼的恐懼」才是常態。在恐懼之中，我們所有的行為都是逃離，逃離與自己有關的思考，彷彿不願承認身世的王子。因「討厭自己而想透過學習來改變」對上「因喜歡自己而想透過學習來捍衛」表面都是學習，但後者才能建立起長遠的自我價值感。而長遠的自我價值感，正是我們不必卑躬屈膝，也能吸引到更好的人的武器。

1.5
哪些學生時代的習慣
不要帶過來？

A. 夜唱夜衝到天亮，隔天早八準時進教室。

B. 期末極限衝刺，兩天完成四份報告、讀完兩科考科。

C. 為了參與各項課外活動，課內作業在課堂時間內全力完成。

D. 完成專題報告的初步架構，先找教授討論可行性再繼續進行。

E. 以上皆是。

　　學生生活與職場工作顯然不同，不該帶到工作中的壞習慣，想必各位讀者都能輕鬆的列舉許多答案。上面列的幾個選項，以學生時期的角度來看，應該都能算上「積極向學」的指標。但很遺憾的告訴各位，以公司的角度，本題的答案是以上皆是。

進入職場後，每天都是期中考

　　在此提出簡單的對比：當學生時，你付出學費（極高比例應該還是由父母支付），學校提供教育與學習環境；在職場，老闆支付薪水，而你必須為公司提供產能和服務。

當學生時，可以自行調配選課時間、課後可以自由探索，努力追尋自己所想，勇敢嘗試新事物。當成為員工時，將工作放在第一順位則是必然，大家都是在討生活，沒道理要寬待你。

你還是可以夜衝到天亮，憑靠著年輕的體力再去上班，但是這時候的精神狀況肯定比不上睡飽八個小時的狀態。明明知道業務報告的截止時間，你卻總是壓在最後一刻才動工，於是怎樣做都不會離完美太近。你是不加班主義者，就必須讓自己的產能和成長，已經配得上當月薪水。你害怕專案做錯方向，但老闆聘請你，就是需要你扛起責任、分擔工作。

我們都同意人該為自己的選擇負責，也相信市場法則會淘汰不適合的員工。你可能現在還是自由的學生，覺得翹課無所謂，學分有過就能交代。也許你現在已經是公司職員，偶爾打混摸魚，主管沒發現就當沒這回事。或許你覺得這兩種情況是同一件事，請我容在此嚴肅的區分：**你混學分只是委屈自己的學費，你混工作就是詐欺老闆的薪水**。而我也希望你能理解：後者的嚴重性幾乎等同犯罪。

調整身心狀態，全心投入職場

正如同在學生時期，你總是希望小組報告裡的組員們都要盡情展現自身的優勢，讓小組能夠達成目標。同理可證，職場上的同事們當然也希望你也要全力以赴，否則平平都是領同一份薪水，為什麼他那麼勞碌，而你卻那麼悠哉，最後不是他自請離職，就是老闆請你離職。

或許在學生時期，早八遲到進教室，悠哉啃完早餐後倒頭就睡，下

課前幾分鐘再醒來點名，這種狀況見怪不怪。但進入職場後，每天準時打卡只是基本，重點是在上班期間，讓自己發揮最大工作效率。

狀況因人而異，也許你至少需要睡滿六小時；也許你該調整作息，讓整個白天成為你的效率時段；也許該在進公司前喝完咖啡，一坐定就能進入工作模式。

職場工作節奏較快，每個任務的工期不定，有季度例行的報告，三個月一次統整回饋；有不定期的業務案件，上週交辦這週要你交件；有每日例行公事，客戶反映就要當日解決。

每個任務最好的開工時機，就是在你接獲任務的瞬間。判斷工作所需耗時、調整工作排程、掌握必要資訊、實際處理執行、優化成果並回報。新手上路，每個環節都會花掉你大量時間，而這還沒算進交件之後，主管要你再做修正的時間呢！

職場沒有學期制，學分有修有加薪

進入職場後，已經沒有人會監督你成長。學生時期的作業考試寫差了，老師也許會給你低空飛過，大不了當掉重修，永遠都有再來一次的機會。但，職場並沒有那麼寬容。

想像你負責的客戶就是指導教授，你每週考四科期末考，合格標準是在一百分中取得八十分，沒有加分、送分或調分的可能。一個月內只要累計兩科不合格，公司就會發預警信給你，要你準備重考，再找一份新工作。

　　在低容錯率的環境下，請確保自己的能力已經超過現階段的工作難度，即便狀況時好時壞，也盡量保持每次提交的成品，都能穩定的超過主管要求的標準。工作上還沒摸透的細節，休息時間可以向同事主管詢問，下班後也可以自我進修。就算有新手訓練期，也不要拖到最後一刻才達成目標，這樣對自己或同事的壓力都會很大。

　　如果此刻接到的任務，都已經熟練上手，不妨詢問主管或同事，還有哪些未來會需要的技能或能力，趁著此刻閒暇可以事先修練。職場不像學校，自學技能不會被擋修，既然遲早都會用到的，早點學會這些技能，也是向主管表示：「我可以學得很快，我已經適應這份職缺，我期待更大的責任與挑戰。」

　　好人才可遇不可求，培育新人曠日廢時，若公司此刻正缺中高階人力，你的能力成長與態度就會是最好的履歷。假設公司成長已經趨緩，對你的提拔無望，至少你會知道，必修選修通識教育，你在這間公司的學分已經全數修完，不必等到四年期滿，合約一到便能準備畢業離校，尋找下個合適的職缺。

人生不會擋修，就怕你不斷重修

　　人生並沒有那麼多四年，學習、成長、面對挑戰，卡關了就再繼續學習。終有一日，滿懷知識經驗與能力，從被企業挑選到自由的擇你所愛，你會發現，你已經在職場上，走出自己的一條路。

　　跳脫學制的框架，在你嚮往的領域中，在有限的青春裡，努力修完所有學分吧！

Part 02

面試來了，
該怎麼應對？

2.1
履歷可以醜，
但沒邏輯就會淪為人生流水帳

　　想要證明自己在社會上不是廢柴一枚，還能對這世界有點正向幫助、發揮所長，於是選擇走進職場。正規的企業流程則是有專業的求職系統，我們必須先從「丟履歷」開始。

　　很多人對履歷的想像，就是一本關於「自己」的產品規格書，然後把一路值得炫耀的事情全部寫出來。然而，這種邏輯就像是遇到心儀已久的對象，卻開始說起自己國小當班長的事蹟，近95%的內容是讓對方感到無聊的。又或是，擔心自己講得太多沒人想看，於是使用關鍵字帶入，卻讓 HR 覺得：「這個人該不會有陳述與邏輯障礙吧？」因而直接 Pass 掉這份履歷。

　　不論是社會新鮮人，或是職場老手在撰寫履歷時，時常犯下這樣的錯誤：我要寫下今天的行程表、本週需完成的事項、年度目標……等等。但，履歷並不是用來報告 HR 或主管你的每日行程，人力銀行所提供的範本只能是格式，而不是撰寫邏輯。

　　履歷是個證明題，必須先釐清目標，再盤點資源，才知道如何下

手，下列步驟是教你重新檢視自己的履歷是否合格，並且撰寫出奪目的履歷。

👤 步驟1 找出目標

在撰寫履歷的同時，需要針對不同的方向撰寫，在瀏覽幾個夢幻工作之餘，也要練習掌握職缺的真實需求，以下列職缺描述為例：

> 「負責公司主線的教育平台服務推廣行銷（SaaS）「產品市場分析」、「找出溝通點並發想素材」、「與設計文案人員協作」、「FB ／Google 廣告投放」以及「行銷數據分析與優化」，工作重點目標放在註冊率與線上交易營業額。重心將會放在產品的數位行銷、Campaign 規劃，重於邏輯論述以及觀察能力的發揮，以及對於陌生事物的快速學習，並同時會協助處理一些普通行銷公司無法處理的特殊行銷與品牌溝通案並擔任窗口。」

瀏覽之後，將職缺需求分類列點，歸納出企業可能需要的能力：

▧ **專業項目：**了解線上課程平台操作，熟悉知識內容平台市場。

▧ **溝通協作：**團隊合作能力良好，能與不同工作崗位的人溝通；對外具客戶洽談經驗。

▧ **廣告投放：**懂 GA 數據分析，獨立規劃 Facebook、Google 關鍵字銷售型廣告投放。

▨ **文案企劃**：擅長銷售型文案撰寫、行銷活動提案，並具規劃多種具洞察的內容編排。

撰寫履歷前，必須先知道企業主需要什麼人才，而不是將自己的能力統統擺出來，要企業主全部收下。如同一名優秀的廚師，即便有許多拿手的料理，最後會端上桌的，仍然只有客戶下單的餐點。

🧍 步驟2 盤點資源

瀏覽完企業主開出的職缺後，必須從各項能力需求出發，逐一檢視自身的能力資源，評估是否適合，例如：

▨ **專業項目**：對知識內容領域不熟悉，能透過資料加深理解，但無實務經驗。

▨ **溝通協作**：過往合作經驗中，與其他工作伙伴溝通順暢，也能掌握客戶需求。

▨ **廣告投放**：明確的技能項目，只要在履歷中提出過往廣告投放的成效即可。

▨ **文案企劃**：此為較抽象的能力項目，須提出文案銷售量或行銷活動成案的紀錄。若履歷篇幅或商業契約許可，再以附件提供文案或行銷企劃內容。

即便自身毫無工作經驗，也應該盡量從求學時期中，所參與過的各項活動擷取經驗。無論是社團經營或校內大型活動，還是工讀實習計畫助理，甚至小組報告畢業專題，只要有認真投入，必然會有經驗的累積。

但這邊免不了要一再提醒，**切勿在履歷中寫出自己經驗以外的內容**。直接寫上無實務經驗，企業至少還知道要安排新人培訓，若在履歷中寫得很有經驗，在面試中被識破問倒還算幸運，錄取後直接在戰線上崩盤，那才是真的悲劇。

步驟 3　嘗試下手

這時候的重點在於「需求場景還原」。如果是履歷新手可以先列出例行工作事項，再思考這些條件與自身的經驗連結。以本章的數位行銷職缺為例，熟悉產品、確認行銷目標、擬定行銷企劃、接洽設計文案人員、平台廣告投放……，這些會是最基本的工作事項，試著在履歷中寫出自己會如何處理，也是向企業主展現能力的重要關鍵。但若你在看完職缺內容後，對工作事項仍然毫無頭緒，我想這份工作顯然不適合你，請再進修或換份工作吧！

假設你是履歷老手，則需要檢視過去的經驗，是否能夠適當篩選、檢視職缺需求。透過條列式的方式書寫，先將狀況敘述清楚，其重點在於：產業、產品、客戶、服務對象、日常經手事務等。以下先列出兩點：

▨ 主要負責（SaaS 產品）數位行銷 Google、Facebook 投放。
▨ 針對遊戲、數位金融客戶進行異業合作，年度活動廣告置入。

接著，填充自身的工作能力與工作成就。在這個狀況下，有哪些是必須的能力？廣告投放看的就是成效；工作成就可以是預算的操作量、合作客戶的大小等，嘗試填入其中：

▨ 主要負責（SaaS 產品）數位行銷 Google、Facebook 投放，ROI
  為 _____（或從 _____ 降低至 _____ ）。
▨ 針對遊戲、數位金融客戶進行異業合作，年度活動廣告置入；操
  作 _____ 的預算，並且達到 _____ 的曝光度／影響力。

如果不符合職缺的期待，該怎麼辦？

當然會有解決方法：忍辱負重從實習生開始做起，或是工作之餘學習相關課程。前者叫做晚點開局，後者叫做先開再補。畢業後還在當實習生不可悲，可悲的是輾轉了很多職位，停駐的時間都很短暫，又無法發揮所長，最後才擠進別人一開局就有的職位。當然也可以先進入相關產業，從入門的職位開始做起；或是找到兩者皆有共通性的職位，不任意浪費工作經驗及其連結性。

常見地雷迷思踩不得

在此也分享一些關於履歷的地雷迷思，請注意自己的履歷是否有避開。

迷思1　履歷越乾淨越好

這句話只對了一半，在此不是追求字數精簡，或是只放上工作成就。而是依照重要性由上至下的條列出來，放上工作重點，展現核心能力是否完備；也必須完整地描繪出你在工作上的執行事件，為了提供 HR 判斷你是如何處理其他事情。

迷思2　制式履歷無法呈現自身能力

　　只要撰寫得當，制式履歷也能帶出自我價值。別讓制式履歷限縮了寫作的想像，排版整齊頂多好感加分。對於 HR 來說，他們在評估一份履歷時，而是在看你是怎麼描繪出你的觀點、工作內容，能被看到的完整性又是如何？是否能單靠履歷就認識你的80%？美醜不是重點，寫作的邏輯才是精髓。

迷思3　只寫工作成就在履歷上

　　HR 對於太過於完美的履歷是會感到恐懼的，若是一份履歷上洋洋灑灑的都是「成效」，反而錯失了 HR 最關注的──如何去達成。在描述每一段的工作歷程、執行方法，並且連結到企業體文化、串連到做事邏輯，是好的開始，若太過結果導向，可能會失去如何建構過程的能力。

　　最後，完成履歷，展現出完整的邏輯後，再加上一個小點綴：關鍵字。當你觀察到目標 JD（Job Description）有特別要求某些能力時，可以將你寫出來的經歷，巧妙地置換成相似的詞彙，增加被掃視時獲取吸引力的注意點。例如，學生團隊常見的幹部職位「公關長」，因其工作內容複雜多變，就能代換成各種職稱，「網路行銷宣傳」、「對外接洽窗口」或「企業贊助聯繫」等。

　　過去的求職教學與架構，很可能都是依照當時的社會框架所設計。隨時間推移，一味的仿造格式，而不思考自身與企業的獨特關聯，將會錯失那些更適合你的高價值職位。適時在履歷中提到自己關心的議題、參與的活動、相關的興趣等，也有可能會是獲得工作的關鍵。求

職如戰爭，不只能力的培養，履歷撰寫也須針對重點打擊，才能使成功率大大上升。

2.2
企業職缺分析
千里馬也要選到合適伯樂

　　想要挑選一間值得投身其中的公司，可以從許多面向來判斷。網路上的履歷教學網頁、影片很多，但大多來自分享者個人經驗，沒有哪個職缺是絕對適合所有人的。因此，我們必須建立一套思考邏輯，分析企業職缺的同時也調整自己，使自己成為最合適的應徵者。

　　許多求職者在瀏覽職位時，平均只花不到50秒在閱讀職位敘述，其實那簡短文字包含了很重要的訊息。閱讀徵才文的重點在於，**從中擷取該職缺需要的技能、知識或能力等關鍵字，進而在履歷或面試中呈現出來，凸顯自己與其他面試者的價值差異。**

步驟1　企業研究

　　作足對應徵企業的研究，是進入求職市場中最重要的一環，也能找到自身在市場中的定位，如：在市佔率低、公司高速成長的情況下，企業可能更偏好選用勇於開創、步調快速、具有高度挑戰性的人選。企業特質往往決定我們未來80%是否符合該企業體系的關鍵，建議可以從三個要素來分析。

(一)企業背景： 這部分與企業文化有較深連結，其中又分為：外商／本土、新創／穩定、品牌商／代理商等，透過該公司的背景可以歸類出，哪些公司與自身興趣的連結性比較高，以及特質歸類。例如，外商可能需要較高的英文使用能力；代理商會需要服務多樣化類型的客戶等。假設你還沒找到明確的方向，願意挑戰性較高，也不怕吃苦，可能比較適合代理商，之後再慢慢歸納出未來方向。

(二)主要服務或產品： 該企業所提供的服務、產品、品牌，與自己是否能對企業產生高度熱情，具有高度相關，決定你在這間公司是否能夠待得穩定、找到自我成就感。若以長期職涯規劃為考量，可以從公司產品的穩定性及發展性來觀察，若該公司有持續推出好產品，如Amazon、台積電等，當然可以期待未來發展。歷久不衰的傳統產業（製造業、工業代工、民生用品、保險金融等），或是近年快速崛起的新興產業（AI、5G、物聯網、綠能等），在三～五年後，仍然可以期待其成長，在該產業內個人發展，也有更多晉升空間。

(三)主要客群： 這是指使用該服務或產品的對象，也與工作調性有相當大的連結性，比如以業務開發對象，可分為對企業或對消費者。一般而言，面對企業端需要使用策略、簡報等能力，工作的複雜性相對較高，也需具備較高的組織能力；對於消費者的開發，則更注重談判技巧、觀察力等。針對不同的客群，所注重的能力就有別，可以衡量自身的個性來選擇工作。

步驟 2 找出自己的職缺落點

試著從自己有興趣的產業挑出幾個職缺，並且將自身調整成該職缺相對應的角色屬性、技能屬性及價值屬性。仔細的整理過去的經歷與成就，以符合該公司的價值觀，也是下手的重點。在此以一間高成長的新創公司為例，下列為職務描述：

> 協助客戶或自身品牌規劃完整年度線上課程 RoadMap，與指定之老師溝通內容，從學生角度來設計課程邏輯與架構，這會佔 50% 的工時。負責客戶或自家開課專案，安排從內容到拍攝等所有細節。（無業績壓力與行銷壓力，把品質做好為主）。

接著，我們從三種屬性來一一建構自己的履歷：

1 角色屬性

在此是展現你的能力，可套用類似該公司職缺上的用字跟口吻，迎合對方價值觀的撰寫方式：

▨ 協助規劃平台頻道 Roadmap，與創作者溝通及安排內容。 （○）

▨ 透過使用者經驗訪談，調整以及設計頻道內容邏輯與架構。 （○）

▨「負責與許多創作者溝通，並認真完成其他主管交辦事項。」（×）

盡量避免如同第三個例句的寫法，未提及專業事項、不具體的形容詞等，都會履歷內容顯得模糊不清，即便個人能力再強，企業主也無法看清。

2 技能屬性

HR 在審查履歷時，也會一併確認你是否有相對應的技能，可為公司所用。在此提供四點重新省思自己的履歷：

※ 反思這個職位需要哪些能力，卻仍然是自己喜歡的工作。
※ 查詢該公司競爭對手的類似職缺，依據對方開出的能力標準，衡量這個職位是否適合自己。
※ 從履歷內容中延伸，列出額外的個人優勢，別只考量技能，還要考量該公司文化。
※ 瀏覽清單並且按照重要順序排列，由關鍵程度由上至下排列項目。

傳統寫履歷的方式，必須寫出個人背景、擁有哪些技能、績效成就，但，能在求職市場上無往不利的求職者，會將每個投遞職缺的公司需求放在第一位，並且結合過去的背景與成就，創造出雙倍的影響力，這種逆向工程才是從其他競爭對手中勝出的關鍵。

3 價值屬性

最後不要忘記，加入「黃金圈」（The Golden Circle） 的撰寫技巧，來調整敘述的方式。履歷，不只是在寫你曾經做過什麼事情，更重要的是要呈現「你這個人的行為動機與價值觀」，這樣才能一眼被 HR 採用，令 HR 可以深刻體會到你的經歷，還能成功塑造了你這個人的形象。例如在以知識平台為應徵對象時，也帶入過往經歷與個人價值觀：「由於知識內容產業的價值，是我所認同且感興趣的產業，期望能夠結合過去在影音平台的內容控管、專案經驗，投入知識平台產業。」

　　審視自己不一定是舒服的過程，但考量到所有的面試官也會這樣審視你，花一些時間讓自己來回答這些問題是值得的；這世界從來都不排斥越級打怪。

　　在這個階段，花更多的時間回答問題是正常的，畢竟無法確保在規格上能輾壓其他競爭對手，那就只有在思想層次上，盡量把自己帶到更高的位置。當你誠實的面對自己，並且創造個人屬性，我們就擁有將這些資訊轉換成優秀履歷的基礎了！

2.3
面試應不應該吃誠實豆沙包？
3 個技巧讓你掌握問題核心

　　有一天，朋友跟我分享剛結束不久的面試經驗。他說：「我覺得自己應該不會被錄取。」我聽完相當驚訝，朋友頂尖大學畢業，拿過幾次創業競賽獎項，居然會敗在面試這一關？只因為面試官問了他這一題：「你認為自己的缺點是什麼？」朋友聽完愣住，想了三分鐘，一句話也答不上來。

　　看似困難的問題，其實很簡單回答的。大部分的人都認為面試就只要談豐功偉業，將不足的地方都往骨子裡塞，刻意讓對方看不見；或是一味地追求最好的「個人表現」，卻忽略團隊利益，與企業互相傷害。對於完美無缺的糖衣，企業是會感到恐懼的，唯有做到有限的真誠與僱傭雙方的適合，才能創造雙贏。

什麼是有限的真誠？

　　求職者最常被問到下列題目而當機：你的缺點是什麼？人生遭遇最大的挫折是什麼？為什麼會害怕這些問題，其背後是因為這些恐懼：1、公司是否會因為這個理由不予錄取。2、不知道如何包裝弱點。

3、不知道哪個因素才會是安全牌。

通常處理這樣的事情時，很多人會採含糊帶過或答非所問來面對，筆者稱之為模糊包裝，希望能透過模糊其詞來獲得主觀青睞，卻同時也會讓 HR 在審視這個人是否適合企業的眼光，變得更加模糊。

面試必須真誠，虛偽的包裝很容易會被識破，雖然在面試過程中不一定會被戳破，但在 HR 心中已經被扣了不少分。但也不能完全的真誠，將自己的缺點毫無保留的展現，雖然可以確保雙方沒有誤解，但也幾乎確定沒有合作機會了。

「有限的真誠」指的是，在面試場合中展現出「自己正在努力的不足之處」。

為此，我們必須檢視自身的軟、硬實力，在成為一位好的表演者前，要先學會：自我覺察能力、職缺研究、問題分析。之後就能實際上場應對了：

1 檢視軟實力

一般來說，HR 或主管所準備的問題，都是以該職位所需，求職者在這個職位上未來可能會碰到的難題，檢視雙方是否都在同個認知上，不一定是考驗「能力符合程度」。

應徵行政職缺提到自己很粗心，或是應徵業務工作，卻說不喜歡與人互動。這些都是該職缺關注的重要特質，若只單純陳述自己的弱點，而不延伸出其他潛在價值，很容易在面試階段被淘汰的。以性格

內向求職者應徵業務職缺為例：

面試官： 來談談你自己吧，你的個性如何呢？

求職者： 我自己的個性，是比較容易先思考，大家都說我是個沉穩的人。一開始比較難以跟陌生人熱絡起來。

面試官： 但這個業務職缺，是希望能開發新客戶，你覺得自己能勝任嗎？

求職者： 雖然我無法一開始就打開話匣子，但基本商務應對還算是可行。但也因為我擅長思考，也善於傾聽，可以很快思考到客戶的需求，快速提供符合對方需要的正確產品。

2 檢視硬實力

在面談的過程中，職務內容裡具挑戰性的部分，很可能是我們在求職上的弱點，該怎麼辦呢？每個人並非十全十美，但一定要與時俱進。比如，該職位需要英文能力，這時就可以提到：英文閱讀基本閱讀可以，但尚未達精通，目前正在進修英文，並估計於三個月內考到多益金色證書。

提到弱點不需要慌張，若是有可以補足的地方，請以積極的態度來展現明確計劃。切記！絕不能透過說謊來矇騙面試官，HR 會有一百種方法審視這些標準。

3 工作經驗的挫折分享

當被問到過去工作挫折時，並不是要分享一個真正「失敗的例子」，而是遭遇失敗後如何面對以及處理的情境。考驗的是態度、解

決問題的能力。最好可以提到與這份職缺中較直接相關的經驗，再精準的說出來，並且帶到要帶到下列三個關鍵：

▨ **成效：**以具體事件，提到對公司做出的貢獻，並且將成果量化出來。

▨ **評價：**在你處理好事情後，客戶、同事是如何評價你的？

▨ **收穫：**你在這件事情中最大的貢獻，又獲得了什麼成長。

　　最後，別總是提到「我會努力」、「我會盡力」，因為這不是一種能力。資深 HR 都會怕「努力型面試者」，他們的標準台詞就是：「我對○○很有興趣，但目前還沒有相關經驗」。因為努力是最不負責任的回答，你至少得提出「我曾經透過 ×× 及○○管道做嘗試，但目前沒有比較完整的經驗累積，也想詢問到職之後，有無更能快速累積經驗的管道」。企業主多半喜歡那些既聰明又努力的人。聰明是低消，努力是優惠加點。若你沒有滿足低消，何來優惠加點？

常見面談考古題

　　在此提供常見的面談題目，可以為自己的面試先有個底，遇到問題時，可以侃侃而談，為求職加分。

1 「請您說明自己的缺點。」

　　問缺點的核心在於——是否具備自我覺察能力。除了避開這個職位上可能會碰到的因素之外，其實可以透過這個機會分享：過去因為一些缺點所造成的問題，加上自我覺察的過程，最後圓滿落幕。

　　例如：我的缺點是不喜歡做繁瑣的事情，過去曾有一次提供給客戶

的報告中，因為疏於檢查，導致數目有所缺漏；當下我發現問題後，立刻向客戶致歉並隨即補上新版報告；雖然，客戶表達那個數字他們修改就好，但關乎到對客戶的信任感，我仍是堅持修改並核對一次，之後就再也沒重複犯過這個錯誤。

２「若想要把公司推向業界龍頭，您該怎麼做呢？」

這題是大哉問，考驗的是反應能力。其實，這個題目方向不甚明確，可以反問面試官更深入的問題，比如進一步的確認：公司想要做到什麼程度？什麼是公司所期待的發展方向。聚焦在雙方的對話之中，可以更展現你對問題的理解性，以及對於一個未知狀況下的反應能力。

３「您認為我們公司有哪些尚待改進的地方嗎？」

這題考驗的是對於公司的理解，以及你對這間公司的觀點與想法。這時，可以就個人外部所觀察到的問題，並且提出意見做對照。

例如：在網路上耳聞貴公司的工作時數有點長，加班的情況很普遍；不過，我認為這很可能與個人效率有關聯。工作至今，我擅長將交派的任務分配得當，加班這件事不太容易發生在我身上。但若逢活動期間須彈性加班趕工，我的責任心很重，會視情況配合。

看了這麼多，其實精準的點破幾個問題點，就能夠掌握問題以及回答核心。

2.4
戳破求職盲點：
自己是匹黑馬，
還是自我感覺良好的俗人？

很多時候，面對求職、轉職不利時，可以歸咎於懷才不遇。當然，這是我們在知道真相前，總會如此相信著。

在轉職或求職階段中，往往會開始思考自己究竟對這個社會能貢獻出多少價值？合理的自我懷疑是刺激自己不要停止學習的好動力，但過度懷疑則會把人帶向兩個極端結果：覺得自己一無是處，也毫無出門工作的信心，每天憂鬱指數大增；或是，選擇忽略那些拒絕與警訊，每天看心靈雞湯來告訴自己有價值，承接外包工作也不錯！為什麼一定要進入職場呢？

九成是逃避，自己是否也成為一員

這種藉勵志之名逃避的思考，只是把問題往後遞延罷了。舉例來說，假設某 A 對自媒體產業很有興趣，而且具備企劃內容、影片製作的技巧，但欠缺經營概念與合作經驗，他可能就會憑著一股傻膽，直接經營自媒體。結果就是一場悲劇，起初一兩支影片效果不錯，在網路社群上也有一點討論，但流量總是無法帶進頻道，點閱率持續低

迷。更別提商業合作或長期經營，不曉得如何穩定金流、供應製作團隊開支，頻道長期規劃更是一點概念也沒有，這時你不禁在想：「不過就開個影片頻道，怎麼這麼難？」

其實，可以先進入商業公司磨練一陣子。任何一間能支撐三五年的公司，對該產業經營的基本流程，大致能掌握八成。參與其中，以團隊成員的角度，盡量去摸索公司的整體工作進程，就能加深對經營流程理解。以自媒體產業為例，做媒體內容、帶動平台流量、洽談商業合作，這些圈外人可能毫無概念的流程，對商業公司的基層員工，甚至是基礎知識 。當你掌握這些基礎知識，並且對每個流程的運作都小有理解之後，想要自己來經營時，也才有完整規劃的依據。

至少你會知道，強如 How 哥或志祺七七，他們真的不是自己一個人在經營的。

很多人總抱持著「自己是懷才不遇」，卻發現「自己真的無才」。請不要誤會是自己選錯領域，而看起來很廢；事實上，你本來就很廢，跟選的領域沒有關係。

其實，這裡有一個戳不破的思考盲點，每個人都認為這些案例不是自己。例如，某 A 讀完這篇時，就會直覺想到根本是某 B；但某 B 讀完時，也認為這篇就是在講某 A。這樣的盲點就會導致阻礙後續的行動力。

下列準備了情境題目測試法，用來檢測「自己是黑馬，還是需要磨練」；而且也是「面試時，容易通過關鍵難題的練習方式」。

一個技巧可以達成兩個目標，好方法不學嗎？

情境題目測試法

假設你是一個公司的招聘主管，正在列出招聘職缺所需的能力，同時發現一個殘忍的事實：招募一個符合所有條件的優秀員工，必須支付昂貴的薪資成本。假使為了省成本，卻聘了一個能力不足的員工，之後所賠上的，可能不只是金錢而已。

為了獲得優秀的員工，企業傾向用類似「行為面試」的題目要求面試者。相較於傳統的自我介紹與憑空問答，行為面試更傾向模擬現實情境，讓面試者描述過去某個工作的具體情況，並從面試者的答覆中追加提問，來深入了解他的工作經驗、決策邏輯、價值觀念等。

行為面試最早常見於外商公司，比起傳統面試更能精準的理解員工，近年來，國內各企業組織也逐漸效法，將此概念帶入更多的面試與訓練中。行為面試考驗的是臨時反應能力，可以測驗出臨時反應是強？是弱？還是需要多加練習？通常這個練習成果是不可逆的，你為行為面試所做的練習，基本上，就會幫你練就這種能力。

例如，你要證明自己擁有即時分析能力，必須先學會分析的基本套路，再學會如何加快思考速度甚至把常見的答案背起來，無形之中加強了自身的工作能力。在行為面試學的領域，通常會考驗下列四種核心能力：

1 分析能力：解決問題的能力

在沒有常規解決方案的狀況下，能夠重新建立目標，並且產生思考與行動。在相對階級流動的現代年輕企業中，若是能擁有這種能力，通常更能保有職位、更快得到升遷，並且擁有更好的薪水。

常見題目包含：

「如果你是○○產品的行銷經理，你會如何著手規劃○○產品在東南亞市場的發展？」

沒有分析能力的回答	有分析能力的回答
我會先調查目標客群，再進行分析，然後開始執行規畫方案……	前陣子，我看到2020年東南亞市場的○○產品報告，正好提到最大影響力的渠道是○○○，我建議初步可以在這方面著手研究……

| 重點分析 |

透過數據與事跡佐證，再帶入自己的觀點，比起標準答案更具有精準的説服力。尤其當公司會問到特定市場的發展時，通常是有公開的大型產品計畫在執行，可以輕易從網路就能查到相關資料。

2 交流能力：特別是溝通能力

溝通能力不只牽涉到語言，還關係到如何展現自己的外觀、個性、文化適應能力、以及所奉行的職業道德。交流的目的是為了讓彼此合

作，必須同時具備溝通技巧及敏銳的同理心，有些人會將這些特質稱為「領導力」；若是對外的合作的話，更像是商務開發的能力。

常見題目包含：

「請你們一起討論並完成這個題目。」（三人以上為一組的團體面試）

「請介紹跟你同組的面試者。」（兩兩一組的團體面試）

沒有交流能力的回答	有交流能力的回答
我覺得○○○是一個很棒的人，他擁有很清晰的大腦與領導力，讓我們這一組更容易成功。	我感受到○○○是一個能在初期帶動分析的人，因為他擁有×××的經驗，且能在專案剛開始時提供×××的幫助，讓我們更快速的釐清目標。

| 重點分析 |

因果明確且有應用場景的說明，證明你在交流中有獲取對方獨一無二的資訊，而非只是套版的回應與介紹來應付。

3 執行規劃能力

通常是指懂得找到任務的重點與方向、組織自己的工作計畫、管理自己的時間，並且提高生產效率。看一眼就知道可不可行，仔細分析就能立即浮現工作排程和組織分工，能快速抓出必要目標，以及達到該目標所需的關鍵資源。

常見問題包含：

「這邊有一份 ××× 專案企劃，假設現在交由你負責統籌執行，請你概略規劃一下籌備流程與分工。」

沒有執行規劃能力的回答	有執行規劃能力的回答
我們應該先幾個人來討論，寫一個企劃來執行這個任務，最後就能達成 AAA 這個目標。	這個任務的核心重點，看起來應該是在 AAA。需要先達成 BBB 任務，大概需要兩個有 CCC 能力的人，預留兩個禮拜的時間來完成。其他的細項規劃就以 BBB 任務為核心來安排。

| 重點分析 |

快速理解任務目標，找出關鍵資源與不可取代的人力，再以前述的規劃為主軸，編織完整的執行企劃。

4 訊息處理能力

能夠聽懂訊息、找出對自己有用的部分、並快速地引述原本訊息來成為自己發言的佐證。中間包含判讀、思考、寫作、計算、記憶，一氣呵成。這類的能力將能打破雞同鴨講，真正的對事情做詳細討論溝通，也將會影響到執行的完整程度。

常見問題包含：

「等等會有一份簡短的專案分析報告，請你就報告的內容，說說自己的判斷與理由。」

沒有資訊處理能力的回答	有資訊處理能力的回答
剛剛的市場分析狀況中，有提到很多問題，我不太確定哪個比較重要，應該一項一項拿出來比對，才知道哪個比較重要。	剛剛 A 在說明市場分析狀況的時候，提到的問題包括○○○和×××這兩個現象，相對於其他問題，確實也是這兩項因素，對業績數字的影響最大，如果能從這兩點下手，或許會有不錯的成效。

| 重點分析 |

從文字、對話、數據圖表等資料中，經過觀察和比較，快速截取較相關聯的資訊，在有限的時間中，做有效率的討論，也在有限的資源中，做出最有效能的測試。

面試公司前，請先面試自己

一個人是否為黑馬，關鍵不是電影演的那樣，默默展現超強技術的匠人，而是解決嶄新問題的能人。從分析、交流、執行、訊息處理，這些能力的串接將會造就你在職場上的絕佳戰略位置。

因此，在面試新公司之前，或許直接自問上述的舉例，若真的套入你很想進去的理想公司，你又能答對多少呢？想要成為紮實的黑馬，就從這個練習開始吧！

2.5
想像力不是你的超能力,
適應力才是
職場上的穿搭技巧

這一章要來談談面對主考官時,求職新手們該如何準備合適的穿搭。面試傳統產業的行政職位,應該穿得樸素沉穩?應徵前線業務人員,用襯衫領帶呈現專業度?面對藝術創意類別的職缺,展現個人風格才是重點?為了表示對這份職缺的重視,難道西裝皮鞋才算正式嗎?

相信你心中應該是滿腹疑問,不曉得該是好?但不如換位思考,當你與人相約談事情,而對方是穿著正裝、上好妝容,將自己妥善打理好才前來赴約,想必你也會感到開心。你會明白對方的用心,重視你也重視這次約會。當然,在工作場合上,面對不同的產業也應該有變通的穿著,重視之餘也能看出你的細心。

防守階段就該用防守策略

在出席面試之前,該如何穿著打扮,時常是新人們的困擾。相對於能力性格與談吐應對,外觀鮮少成為加分因素。但在對方認真考慮錄用你的同時,也會開始檢查各種細節,除了詢問不良嗜好,也會從你

給人的外在觀感，決定你適不適合留在團隊。

指甲過長，扣一分。

襪子顏色不一樣，扣一分。

鬍子沒刮，扣兩分。

穿耳洞但不明顯，不扣分。

手腕上的刺青用手錶蓋住了，不扣分。

　　一眼看過去，外觀上沒有特別突兀或不順眼的地方，過關。模擬在辦公室裡樣子，與其他同事不會顯得格格不入，過關。如果是應徵業務或外場前台職缺，想像客戶看你的感覺，不影響工作進行，過關。

　　如同軍中的服儀檢查，好不好看並不是重點，企業更在乎的是協調感。不只考驗你對服儀穿搭的基本概念，也是測試你融入群體的能力。你有沒有辦法事先掌握這裡的環境生態，有沒有辦法感受到他人對你的眼光，有沒有辦法呈現出「適合這個場合」的樣態，能否理解團隊氛圍與做自己孰輕孰重。

職場生態大不同，沒有一招能無敵

　　髮型、妝容、服裝穿搭，只要掌握「乾淨」、「整齊」兩大原則，基本上不太會失分。但更進一步談適當穿著，各行各業的服裝習慣，變化實在太大。新創產業與傳統產業，藝術職類與公部門，哪能用同一套服裝去應對。

　　與其用想像力通靈，試圖猜出正確解答，不如直接一通電話，問問

在該領域就業的朋友：「你們同事們的衣著穿搭大致是如何？」詳細描述很好，有照片參考更棒，若只參考一間企業不準，那就多問幾間，至少會比戲劇影集裡的樣子，更貼近真實一點。

或許有些人，在這邊會有的疑問：「沒有朋友的人該怎麼辦呢？」

在心力和閒暇充足的情況，你可以針對應徵的公司進行田野調查。如果餐飲服務業，可以在店裡坐上一整天，觀察員工衣著穿搭。如果是沒有對外開放的工作場所，甚至可以選擇在上下班時間，蹲點企業門口，觀察員工服儀表現。

但切記，這樣的調查動作，千萬不要干擾營業或影響員工，否則面試當天，面試官肯定會對你「印象深刻」！

（警察先生，事情的經過就是這樣QAQ！）

觀察職場生態，選擇安全的保護色

如果你已經身處職場環境，恭喜你已經通過了面試階段。但在新人時期，外在表現仍然是主管對你評分的要點之一。

六人一間的辦公室，每個人都有自己的辦公桌，為了保持原有的工作效率，你想布置習慣的桌面，於是把家中書桌的擺設，複製貼上到公司裡。與朋友的合照、生日收到的娃娃、偶像團體的照片、動漫公仔扭蛋小物，最後擺上鍵盤滑鼠與水杯，你的桌面正好剩下 A3 的空白，一份文件可以打開的空間。

雖然桌面看似凌亂，但你的效率仍不打折扣，漸漸你也覺得，反正只要不影響產能，公司同事似乎也不以為意，穿搭風格也開始回復工作前的隨興自由。終於，主管來訊約談，原因是同事反映你干擾辦公室氛圍。

雖然現代社會對個人特質的約束，已經比過往開放了不少，但企業運作畢竟仍是以團體生活為重，有些事你覺得沒什麼，但或許已經對團隊造成影響。

一樣的辦公桌，其他人都乾淨俐落，就你擺滿私人物品。一樣都是員工，大家穿搭輕鬆日常，就你穿西裝打領帶。這種情況下，要嘛你是老闆，要嘛你該準備找下一份工作了。

你當然可以說，同事有問題就提出，你隨時可以改進。但常見的情況是，別人也不曉得該怎麼解釋，只覺得每天辦公室裡都有個「不一樣的人」。除非你的能力特別強，否則這個「不一樣」，一定會在長期的團隊協作中，造成合作效率上的浪費。

跟大家一樣的，再用心一點點

完全融入群體，是一張安全牌，但假設所有人都顧慮彼此，或許這個工作場所，會安穩到有點死氣沉沉。你可以在跟所有人相同的情況下，再多用一點點心思，為團隊帶來一點推力。

面試的時候，看見公司的面試官清一色的素 T 加牛仔褲，你可以多一點軟質襯衫，不到業務白襯衫的銳利刺眼，但可以看出在融入公司

的過程，也展現自己對面試的重視。

　　同事都是乾淨的桌面，多擺一份行事曆或便條紙，方便彼此傳遞訊息。平日上班服裝不限，扣除令人反感的派對行頭，避開讓人感到壓力的全套西裝，你還有很多適當的選擇。

　　融入團隊，不要讓外觀因素，成為彼此溝通的隔閡。先確保不會被扣分，再巧妙的為自己加一點分吧！

2.6
合作前，
請詳見公開說明書

面對即將到來的職場生活，你也做足準備，不只想成為好戰友，也想跟大家當好朋友。建立良好的職場心態，修剪過往的壞習慣，不讓工作能力成為唯一的優點。

仔細檢視自己，整理出一份最適當的履歷。認真研究產業，尋找能讓自己發揮的舞台。細心打理儀容，讓自己更融入辦公室氛圍。一切的準備，都只為在老闆面前，能有個好印象。然後雙方相談甚歡，簽下雙方都滿意的就職合約，就此展開順遂的職場生活。

但是，事情並非俗人想的這麼簡單。

聽過幾位朋友的求職憾事。帶著學習之心應徵大企業，到職之後僅有雜務可做，專業內容卻連皮毛也摸不到。與準備創業的夥伴相談甚歡，為了加入團隊一起打拼，辭職搬家回到家鄉，夥伴卻說資金不穩，暫不考慮聘用。面試時工作內容都介紹的輕鬆寫意，一時沒理解「專案支援」、「案件計酬」的模糊界定，連續幾個月的高工時低薪資，最後只能靠勞基法爭取基本權益。天真期待與職場現實的差異，案例要多少有多少。

職場如江湖，生存大不易，踏錯一步或許就是萬丈深淵。不只公司要面試你，你也應該謹慎探聽公司。正如你會在履歷和面試中包裝自己，公司在爭取優秀人才時，也會拿出所有福利待遇來推銷。這些並非套路或詐欺，隱惡揚善是人之常情，甚至公司也不是刻意隱瞞，只因這是業界慣例，大家早已習慣而不自覺。

從介紹人打聽

多數人的第一份工作，通常會選擇自身熟悉的領域。與本科系相關的工作機會中，有部分是透過教授推薦所取得，若想對該公司單位多加了解，直接詢問推薦人，應該會有最準確的意見回饋。即便不是透過推薦，只要公司有一定知名度，師長們應該也會有點資訊可以打聽。若是專業性很高的科系，也可直接詢問在職的學長姐，第一手的職場資訊，應能給予不少幫助。

若是想走非本科系的職類，應該也會對這個領域有一定的了解。或許是學生社團的延伸，或許是課外活動接觸的組織，你曾經在這個領域投入心力，也對這個領域的未來有所憧憬，才會想在出社會的此刻，繼續留在這個領域。同理，參加社團總會有學長姐來帶，課外實習也會有小主管指導，那些人曾經引導你，如今也能再次指引你。

偶爾也會有上述之外的狀況，你直接跨入一個陌生領域，可能是繼承家業，或者親友引薦。無論如何，總還是會有個介紹人，在面對工作環境一無所知的情況下，從這裡做為發問的起點就對了。

網路資源與資訊平台

假設在生活環境中，完全沒有適合的人選讓你探問，又或者你在詢問過後，擔心單一意見會太過主觀，想尋找更多資訊來交叉比對。在資訊時代，在網路上幾乎可以搜尋到任何想要的資料。不妨直接輸入公司名稱搜尋，或者加上幾個關鍵字，例如「待遇」、「福利」等等，便有高機率獲得想要的答案。又或者比別人更謹慎一點點，「內幕」、「糾紛」等字眼，也能幫你過濾掉一些擔憂。

也可以透過特定的資訊平台來搜尋，例如職場工作者主動提供詳細資訊 Linkedin，或許也能搜尋到老闆的專業或過往經歷。求職天眼通則是針對企業單位的資訊揭露，可以透過網友評論對職場環境略知一二。在 Facebook 上也有各職類的社群，裡頭不乏專業技術和工作狀況的討論，只要該公司曾發生過重大問題，幾乎會在第一時間流傳上網。

面試現場的觀察判斷

當然，做為一名熟練的網路使用者，必須對資料來源保持懷疑，稱讚的留言也許是資方下的廣告，批評也可能是勞方在糾紛後的惡意抹黑。在經過一連串的打聽詢問、資訊查找之後，若你對於即將應徵的公司，尚未有明確的定論，你最後該做的事，就是親自認識對方了。

面試並不是單純爭取公司的錄取，表現自己的同時，也可以反過來觀察這間公司的細節。辦公室的環境格局，同事們互動的氛圍，人事官對面試者的態度，甚至可以從對談內容、文件擺放的習慣，對這間

公司整體的運作，能有更多的理解。

詳閱合約與公開說明書

最後的最後，反覆不斷提醒的，仍然是小心細節中的陷阱。無論你對公司有多理解，面試過程中聊的多愉快，進入職場最關鍵的，就是那一紙合約。一定要仔細讀過所有內容，確認合約中提到的權利與義務，是否吻合彼此的認知。薪資項目、工作內容與約期長度，細部規則與對應的罰則……。

在工作合約內容裡，每一項都攸關你的工作，在就職後會有多少變化。千萬不要為了一時方便，或僅憑過往的工作經驗，就草草簽名了事。為了一份工作，你做了那麼多努力，進入職場的最後一道關卡，不要輕易的讓努力白費。只有你自己，可以保護你自己！

| 履歷健檢中 |

經過Part02章節後，是否更懂得該怎麼呈現自己的履歷呢？如果還有不清楚的地方，不妨透過下列QR Code，檢驗一下自己的履歷是否合格呢？

世界級公司皆由數據與AI驅動；
世界級人才亦該如此。
現在就用JoberFly，讓AI幫你找工作

Part 03

個人技必備，
成為團隊的戰力

3.1
溝通力:
講得清楚但仍被提問?
那是因為你沒看透對話「局」

　　你是否遇過一個情況,叫做「我在群組內都有講過,為何大家都愛回不回」?不論是工作群組、臨時專案、還是聚餐討論,輕則彼此互道貼圖了事,重則百讀卻無一人回應。大家都是來做事的,彼此配合就相安無事,但為什麼就是有人不開口,有人不給資料,有人愛私下詢問,有人不上群組討論呢?或是在實體提案時,你做好了簡報,無限練習,或已經極度順暢地講完一切,卻仍被問到重複的問題,或是無法說服他人?搞不好你自認為報告順暢,但他人聽來不過是場快速說唱!

關鍵是那個局

　　溝通的重點從來都不是「你講了什麼」而是「對方想要什麼」。可能你學習到的多半是「1對1」的溝通狀況,若是變成「1對多」時,便容易會回到小學生時代的報告模式。

　　其實,「1對多」就是許多的「1對1」罷了,每個人都有自己的初衷、動機、也是為何在這裡跟對方講話的原因。尤其在工作上,他們

都會有名目目標還有心理主觀目標。名目上當然是專案順利、賺大錢、達成 KPI 等。但，實際上有的人想的是做完就升官、有的人想的是早點下班。不能說每個人都各懷鬼胎，但卻會因為這些而左右合作結果的走向。

想要滿足大家想望的困難度好高，可是，能用的策略反而更多了。例如，想要迅速完成專案的細節、進度回報，就要找群組中想升官想立戰功的主管討論；想要提醒主管記得快點回應，就可以安排群組裡想早點下班的員工來負責，這樣一來，想做事的人可以做很多事情，想偷懶的人可以做最輕鬆的事，打破了傳統主管指派員工做事的結構，反而讓事情更順利了。

這就是做「局」，利用每個人的動機，把每個人安排在最好的戰鬥位置。

局的浪漫，在於每個人各懷不同目標

曾經在一個都是銀行高層的會議上（以下案例是筆者真實發生之個案，並非代表所有銀行管理人員的行為），做一個數位與資料整合的提案。提案對象是四位主管，其中幾位看起來是銀行中與數位最無關聯的，年近六旬的高自尊資深主管，距離數位最近的可能就是會打 Skype 給孫子，這種提案對象對於我們做數位與資料規劃的公司來說，根本是在打地獄級 Boss，先別提這些人是否老謀深算，最大的問題是他們真的聽得懂我們在說什麼嗎？

問了一些其他同行去提案的結果，不外乎得到的回饋就是「他們根

本不懂數據」「看起來就是會亂下指導棋」「不重視工程專業」。聽完這些之後，心裡一抖，便立即詢問當初接洽我們的小主管窗口，除了常見的「貴公司通常重視什麼」以及「這次目標是什麼」外，還問了「當初找我們合作時，誰是支持的？或是誰有提出什麼問題？」「誰會最終負責這件專案的 KPI？」「誰是比較懂數位的高層主管」「誰是其他產業空降來幫忙的？」於是，筆者與團隊便詳細分析這次提案中的與會人、以及決策鍊中的人。

到了會議當天，有五個人出席，除了窗口的小主管之外，其餘都是高層人員，以下用 ABCD 表示他們身分。

A 是老主管，從內部逐步晉升，對數位資訊的認知最少，卻是公司內帶過最多人的大前輩，兵權最深。

B 是營銷跟公關主管，做事風格犀利且城府深，帶的人不多，但常有異常大的權力要求內部配合。

C 是從另一個電商集團挖角過來的總經理，雖然任職還不到一年，卻有效率的推動不少數位轉型計畫，以及可以與電商產業互相配合的金融服務。

D 是工程主管，不是純正工程師，但是帶領了工程 Team，所以能講出一些專業術語。

接下來，進行到提案，這份提案並不是公版，而是專為這場會議的四個人打造，並且還安排了溝通順序：A → C → B → D。

首先處理 A，考量到他跟集團關係最深，最能掌控員工動機跟公司利益，他所在意的點並非能發展得多好，而是我們會不會帶來太大的

風險與改變。因此，溝通的內容著重在對整個集團願景的認同，並且在不用做大改革的狀況下員工價值如何提升，使用的故事走向是「涓流雖小，終成江河」。

接下來，知道 C 所重視的是快狠準的轉型，而這往往最需要付出力量的第一線人員，他會最掌控整個轉型任務目標方向，因此，要以理性態度談整個方案與計畫。於是，我們會分析內部導入系統時每個單位的人須要如何配合，但也考量到 A 不希望要做太多改變，為此放入其他競爭對手的方案，並將結果導向「一樣都要做轉型，我們提供的方案風險最小，且能一步步測試，不用一步到位」。

再來是 B。就 B 而言，他並不會參與前期的運營討論，而是想在最後階段確認是否能與市場大眾好好溝通。因此，在談及對外溝通、營銷策略時，所有用字、句子長度、複雜度全都砍半，圖片比例上升。再用一個簡單的舉例來說明整個計畫的概念來收尾。例如：「每個行員在送試算時就像聯考一樣，一個送錯就是跌入萬丈深淵，原本的系統還不會告訴他錯在哪裡。但，我們這個學習系統就像是模擬考一樣，送之前先練習，跑完計算結果後，會提醒還缺什麼，不用動到原本的系統架構、沒有資安問題、又能大幅降低出錯率，民眾抱怨自然就低了。」這個例子的背後訊息：你看，我們連怎跟大家比喻說明都幫你想好了。

最後，技術主管 D 在傳統台灣集團裡的發言權通常會排在最後，於是常會透過專業的名詞與言論，展現自己在專案中的獨特價值。因此，在簡報結束前的最後，我們在很少的頁面中刻意使用很多技術名

詞與架構說明圖，彷彿在談一種只有我們跟他才懂的暗語。

由此可知，我們的簡報架構就是**目標與風險 → 方案比較 → 溝通推廣 → 技術補充**，這並非是模板，而是根據提案對象做了順序調整後，從原本聽不進去的討論，讓每個人都能聽得進去了。

在提案過程中，講到為誰設計時，我就會把大部分的目光都看向那個人並且四目相交。若是這個人剛好在用手機或是沒有把頭抬起來，那就看著上一個溝通對象。

最後，在現場會議做筆記時，不做條列式的重點整理，而是畫了一個跟會議桌一樣小小的圖，然後把對方每個人員標註在對應的位置，並且也寫下他們的反饋，畢竟客戶的回饋格外重要，而且知道是來自於哪一位的反饋，也是檢核自身策略是否奏效的關鍵。

提案順利通過後，在專案執行的過程中，又再次遇到其中一位主管，他表示對我們的提案印象深刻：「我們審過許多廠商的提案，來回問答都應對的不錯，但只有你們在報告的過程中，就先解決我心中的疑惑了。」

無論是提案簡報或工作對話，最忌諱毫無目標的公版用語。想清楚要對話的對象，確認這次對話的目標，選定適合的用字遣詞與表達內容，才能讓對方確實接收你的想法。即便是一對多的場合，只要能探問到每個人的擔憂與需求，就能夠在對談中組合出最適合的解答。

在此提供一張表格，協助你在日後簡報前，可以先評估提案會議中與會者的身分，思考他們的潛在需求、提問內容為何，以利在現場時

該如何應對。

身分職位	潛在需求	額外提問
老主管	維持品牌 降低風險	
營銷公關 部門	市場推廣 簡單明確的說明	
數位轉型	明確計劃 團隊內的指導方針	
工程團隊 主管	被重視 專業技術的展現	

生活政治學，從提案到 LINE 群組都是

　　生活到處都是政治，這裡所說的不是選舉的政治，而是人性的政治。政治來自於一起工作的人都有不同的目的與初衷，而我們在完成事情的過程中，盡力滿足每個人的初衷，而這就是政治了。

　　一樣的方法，也可以在 LINE 群組中獲勝。以一個對外合作的工作群組來看。LINE 群組中通常會有拉群組的人、窗口、主管、我方執

行人員、外包合作窗口等。但請不要天真的有什麼問題就問誰，請統一詢問窗口即可。除非對方的窗口或主管有特別說明，哪一類問題需直接標註誰，不然你的每個訊息都是針對窗口詢問的。在詢問的技巧上，也要依對象而有不同。面對窗口時，可以採開放性問題，例如「請問您怎麼看？」（並且附上截圖）、「會建議怎麼做才好呢？」。若是遇到對方主管時，則是整理好方案讓他選擇，「我們建議下面兩個 AB 方案可以擇一執行」。

若群組中有我方人員，切記不要標示自己人來回答問題，因為對方的期待是，「我方人員都是一體」。因為對方懶的思考「設計問題找設計師」「流程問題找 PM」，這也就是為什麼需要統一窗口了。

如果你真的不知道該怎麼應對群組，不如就把群組想成一個寫 mail 的過程好了。你想要溝通的對象，就像是兩個人的書信溝通，只是群組裡的其他人都是 CC 的對象罷了。

3.2
學習力:
沒學過就不會?
認識一個領域只需要 30 分鐘

打從出生以來,我們每天都在面對陌生領域的知識。直到進入退休階段前,我們都很難說自己學得夠多、夠應付未來所有問題了。在職場上也是,雖然當初進入公司時,可能已經懷有一技之長,但不能期待單靠這一招打天下。在業務內容較彈性的公司中,偶爾也會出現與不同產業領域的商業合作,若不能在短時間內,快速理解新領域,並且對該合作項目做評估,將會使自身與公司錯過許多發展的可能。

因此,持續學習陌生領域的知識,是在這個殘酷世界生存的必須技巧。然而,一聽到陌生領域,就會覺得自己已知的資訊太少、或是書看得太少,導致無法快速分析未知領域的細節,也深怕等自己弄清楚後,早就來不及,索性放棄讓其他人接手,就這樣錯過了一個學習的機會。

在上述的思考反應過程中,其實出現了一個許多人都會有的大誤區,那就是以為「資訊多寡會大幅度影響學習的成效」,實際上並不是的。舉例來說,學測考65級分的人與考45級分的人,所學習的教材都是差不多的,但為什麼會有顯著的分數差距呢?

關鍵在於——學習的順序。

無目標的學習：翻資料 → 試著記憶 → 過一陣子後，試著看看自己還記
　　　　　　　　得多少。

有目標的學習：確認目的 → 翻資料 → 自然而然地記住大部分 → 實現
　　　　　　　　目的。

　多數人認為進入職場後，學習的成效比學生時期還好，那是因為你知道有些東西不學就不可能成長。也有些人認為學習最快的方式就是把自己丟進那個討論氛圍裡，也因此，如果學不會的話，就無法在那個環境生存下去，也有了一個不得不學會的目的。

　也就是說，直接影響學習成效的關鍵是學習的「目的」。而我們所熟知的討論氛圍、資訊門檻等，都只是學習路上的輔助。同樣的理論也在 TEDx 演講「Learn Any Language in 6 Months」中被證實，透過目的導向的學習可以用來學習世界上最困難的項目：語言。

有目的就能打天下？
其實目的分成兩種

　　學習的目的可分成兩種：一種是標準目的，另一種則是實踐目的。以成為行銷人來說，標準目的是指考上行銷證照，或是成為行銷企劃「學完這個才能達到標準」的目的。這類型的目的雖然宏大，但時常讓人懷疑自己是否適合這條路，進而無法讓學習發揮最大的成效。因此，建議還是以「實踐目的」較佳，例如，為了銷售自己賣場的東西、

為了要寫出一篇行銷投稿文章等。這種為了「實踐某個任務」而非「為了達到某個標準」所設立的目的，才能夠真正給予學習賦能。

就如同電影《三個傻瓜》演的一樣，「如果你只是為了當工程師而唸書，那你不會成為偉大的工程師。但若你真的熱愛工程，期望透過工程去解決想要解決的問題，那你就能成功」。

目的建構，屬於你的學習架構

在「實踐目的」的資訊整理與學習中，將會分成四個操作步驟，分別是收斂到是非題、研究出關鍵字、確認未盡知識、完成未來假設，來建構屬於自己的學習架構。在初次運用這個學習架構的時候，大家可能會因為不夠熟練，而花去半天一天的時間，才勉強理解一個新領域。為了在職場上能順利應用，筆者也建議大家，盡量將這個理解陌生領域的流程，鍛鍊至半小時能完成。以免在工作中，為了學習新事物，反而使原本任務完全停擺。

1 收斂到是非題（約5分鐘）

當我們認識一個陌生領域時，會先提出 What 層級的問題，例如，研究銀行的投資，就會先提問「什麼是好的投資標的？」然而，開放性的問題就會面臨標準不一致的答案，有人認為風險不要太高就是好、有人認為穩健就是好、有人認為海外標的就是好，一下子收集大量的資訊就會讓自己的決策近乎癱瘓。這時，建議試著退一步，用「是非題」來對自己提問。

假設在聚會中突然聽到有人談及一個投資標的叫做「SPY」[2]，但我對這東西一點也不瞭解，只知道這是一檔投資標的。所以只能對自己提問「好的投資標的，應該注重什麼條件？」，於是在獲利、風險、海內外、標的屬性等要素中，經過短暫的思考，我決定以安全（低風險）做為檢核條件。於是「SPY是個好的投資標的嗎？」這個複雜的開放性問題，便會簡化為「SPY對我來說，是一個安全的投資標的嗎？」，這樣就能明確很多。接下來，就針對SPY來做搜尋即可。

2 研究出關鍵字（約15分鐘）

當是非題列出後，就可以開始研究相關資料。在這段過程中，將會認識更多陌生的關鍵字，例如，搜尋時就會看到「標普500」、「指數」、「ETF」等字眼。初次接觸陌生領域，可能會有一片茫然的無力感，但不必太過擔憂，只要前面的把關鍵字塞進這個公式：「什麼是＿＿＿＿？」（例如：什麼是指數），列出約5～10個核心問題，並且透過資料查找來為這些問題解答，藉此掌握這個知識領域的輪廓。

任何陌生領域，可能都是他人鑽研數十年的專業領域，即便我們找到多清楚明確的說明，也有可能在學習的過程中產生誤解。因此筆者建議，在整個學習的流程中，應該分配最多時間在這個步驟，以降低誤解發生的機率。

3 確認未盡知識（約5分鐘）

所有文章都有其極限，當我們大致瞭解完專有名詞、一開始的目的也有了解答。這時，就要開始做收尾前的檢核：確認撰寫文章的作者

還有那些問題沒有解決？哪些只是主觀判斷？哪些是客觀數據？

　　例如，某篇文章作者認為「SP500的 ETF 單看報酬率跟波動性來說，是一個非常好的指數」這裡就會看出「好」是一個主觀定義，報酬率跟波動性則是客觀數據。接著，再自問「這個波動性跟報酬率代表好嗎？還是有其他可能？」來找出延伸的潛在問題、避免自己一知半解的掉入所見文章作者的主觀說法，導致於落入陷阱。

4 完成未來假設（約5分鐘）

　　經過整理，現在應該已經建立起一個論述「某某能夠＿＿＿＿，原因在於＿＿＿＿，這個現象驗證了一開始假設。」甚至，我們不小心學會了投資與開戶的方式。然而，想要確認是否真正學會，還要能夠對於未來情形作出假設性論證。

　　例如，「假設發生金融海嘯，將對會 ＿＿＿＿ 性帶來 ＿＿ % 的影響。從而導致報酬率，若那時我投資了100萬，那我很可能會直接損失＿＿元。」接下來，我們將能初步收斂出活用這個知識的方式：「如果我想要投資SP500指數下的 ETF，則長線來看大概會有＿＿＿的報酬率，以及發生金融海嘯時，我則需承受＿＿＿的損失，或是做＿＿＿的措施。」

---

2 SPY：是全球規模最大、交易量最大的 ETF（股票型指數基金）之一。該檔 ETF 從一九九三年就成立，成立超過二十年以上，是美國第一檔，也是歷史最悠久的 ETF。

當你有了畫面，學習才有意義

人類的學習是需要成就感的，而成就感來自於「意義 × 實踐程度」。像是學習投資的人，在真正砸錢進入市場前，最大的成就感肯定是弄懂其中的邏輯意涵，並且能夠以自己的收入去幻想一輪投資後的獲利，如果你想著想著就陷入讓人流口水的白日夢中，那麼，恭喜你，這將會是強大的學習動力。

同樣的道理，假設你要學習如何與一個女孩長久相處甚至在一起的方法，於是去鑽研許多甚至付費諮詢專家，但最終我們要的都是一個「即使到了70歲，兩人還能手牽手走在海邊」的畫面。這些對於未來的美好幻想，才是現在源源不絕的學習動力。

沒有人會沒事想當個斜槓青年，也沒有人會閒著就想學習跨領域的知識。如果現在的你覺得自己學夠了，恭喜你肯定在自己的領域練就一身快速直覺的反應；若你感到不足，代表你要的那個理想未來單靠現在的知識是不夠的。

如果你期待的是一個書單、好的資料網站、工具等等，很抱歉，這些對於迫切想學習資訊整理的你並無助益。這就很像一個要健身的人，收到一堆免費的健身器材並不會讓他變瘦，他得願意運動才會變瘦。學習資訊整理的過程就像運動一樣，唯有用對的流程與方式投入思考、走過幾回，才有辦法真的學會。

3.3
思辨力:
簡單思辯補帖,
讓你知道現場誰在胡說八道?

　　在工作上討論解決方法或產品開發、做調查訪談或弄懂老媽的想法,感情困難、朋友矛盾、周轉不靈或家裡鬧鬼。雖然大多數的問題,透過網路資料都能理解個八九成,但面對沒有十足把握的問題,我們還是傾向詢問經歷相對豐富的人。

　　假設小明母胎單身已30年,就是追不到女朋友。這時,小明向朋友A求助,朋友A給小明的建議是「女生講話的時候就多聽,然後快速反應,不知道回什麼時,就重複她最後一句話的關鍵字就好。」小明聽了之後,覺得有道理,但為了保險起見,於是再多問一個人,而朋友B的建議是:「你可以使用一種吸引力技巧,先讓女生說出自己得意的事情,接著否定她的說法,再提出更好的方案。但在聊天的過程中,又要不斷帶入與女方類似的想法,就能快速地讓她對你產生一點崇拜。」這時,小明感覺不太妙,因為A跟B給的建議幾乎相剋。看來需要找第三個朋友C來給意見,看看誰說的有理了。結果朋友C給的答案竟然是:「男的也不錯,別想女的了,義大利麵弄濕之前也都是直的」。

小明矇了，然後選了 C 的建議。

以上故事純屬虛構，但類似情節卻每天發生。在上述故事中，若你支持 A 則會覺得「A 有道理、誰會聽 B 的」，而 B 的支持者則也會講一樣的話。最後，你可能不想落入這樣的兩派拉鋸，就會警惕自己：「以後少問幾個問題就直接出擊，省得還要被干擾」當你有這樣的想法，也就認為徵詢多種意見對小明而言毫無幫助，因為在這個故事裡，每個人都只看見了問題的表面─當事人想要交女朋友，卻沒有人去分析他為什麼想交！

基本上，「建議」是多多益善的，在職場上遇到問題，又或是同事徵詢自己的意見，就必須給予建議或提案，但每個提案就不盡相同，有些甚至相左，這時我們該如何辨識？首先回到小明的案例。

經過分析後，發現小明要的是真實情感的交流，而非是肉體上的快樂。因此，A 的建議在心理學上屬於建立長期情感模式，在決策上先大大加分。但，你從小明未公開的網誌解讀出，他其實是逃避型依戀者[3]，任何長期關係都會導致毀滅性的結局，因此，蜻蜓點水的關係卻是完美的距離，B 的意見急起直追超越了 A。然而，小明沒意識到的是，原以為自己是逃避型依戀者，但畢竟母胎單身30年，而分不出自己究竟是無法長期喜歡，還是根本不喜歡。

這時 C 給了他一個爆炸性的啟發：搞不好你喜歡男生啊？小明經過一陣大爆炸思考，心裡的聲音迸出一句「恩。」時至這裡，你從動機跟背景分析下手才能發現，原來他是認真的選了 C。

可怕的都不是惡意，而是自以為是的善意

最可怕的從來都不是處心積慮的惡意，最破壞的往往是未經思辨的善意。還沒搞清楚目的是什麼就脫口給出建議，不是矇對未來就是麻煩到來。

然而，每個給出建議的人並沒有必須分析你的義務，但，錯誤的建議有可能會害到自己，因此，必須要懂得引導對方透露出更多資訊，透露到足以讓自己分析這個建議是否可靠為止。

該怎麼分析每個收到的建議呢？不如先回到一個都市傳說「對事不對人」，這是傳說因為大家都在談卻沒人真的看到。我們認為「對事不對人」從不存在，因為每件事情、每句話本來就該對事也對人，但重點在於要「不帶情緒」，在這過程中，只要挖掘出「他為何這麼認為？」——也就是對方的動機——就能更精準的理解與應用這份建議。

分析推論四步驟

步驟1　身分分析

先從身分分析對方給此建議的原因。例如，我詢問了：「音頻[4]在台

---

3 在人與人相處的依戀關係中，分為「安全型」與「不安全型」。而不安全型又可細分三種類別，其一為「逃避型依戀者」，該類型的性格，對於任何親密關係或承諾，都會下意識的抗拒或逃避。

4 音頻泛指純聲音的內容平台，包含傳統的廣播節目，或近年崛起的 Podcast 與 Clubhouse。

灣會不會紅」。A跟你說今年就會紅，B跟你說明年才會紅，C跟你說不會紅。以下是他們的身分資料：

A是中國知識內容市場的前商業開發主管、現在又開了音頻節目獲利。
B是台灣做音頻服務新創，分析台灣市場20年。
C是圖書出版業者，擅長處理資訊圖像化與知識影音社群。

　　想要拆解這三個建議，我們需要靠的是「第一性原理」。先科普一下，第一性原理是指不要盲從現代已有的解決方案，而是回到根本道理上做更多優化，進而提高效益。例如Elon Mask曾使用第一性原理來讓設計火箭的成本降到只剩原本的10%。因為他發現了原材料占比例很低、人事溝通佔比例很高，於是大幅度降低人事溝通的環節。透過這種拆解全部步驟後，再重新調整，讓效益逆天或成本驟降的思考原理，就是人稱的第一性原理。

　　第一性原理在執行上有兩個要求，一是具有硬科學基礎、二是只參考事實，不直接處理解釋。回到上述的音頻市場，在整理他人建議的過程中，可以發現單純的事實：

1. A的背景、A現在的工作。
2. B的背景、B現在的工作。
3. C的背景、C現在的工作。

　　A說會紅可能是因為他過去BD身分讓他掌握了內幕消息，例如，中國的音頻公司在台灣偷偷有什麼大動作。這時可追問下去，了解他的資訊來源、前公司動作、便可以獲得一個答案。

　　B研究台灣市場多年，可以反映台灣市場對音頻的現況，但他不一定會知道中國音頻公司的地下動作。

　　C是擅長處理資訊，認為台灣人都是視覺動物，視覺才是學習最好的方法，因此認為音頻無法拿來做學習載體。

📍步驟2　動機分析

　　對於同一個問題，每個人的回答，都會受他的身分背景、知識領域與目標動機的影響。為了能更深入分析對方的回答內容，我們必須在拋出下個問題，同時探查其他面向的資訊，來推敲在這個回答背後的「隱藏資訊」。

　　於是接下來，提出一個封閉假設性問題：「如果我要做音頻平台，做得起來嗎？」

A回：那太棒了！台灣正需要這個，日後第一個找我，我要在你的平台上上架。
B回：你確定嗎？這個成本很高而且前途未卜喔！
C笑而不語。

　　原來，在這過程中：A其實想要找台灣經銷所以給了這個建議。B可能是把你當成對手所以才會說今年別做，C不帶惡意但純粹只是太常直接回答別人問題，下意識直接跟你說不會紅。

📍步驟3　回頭檢視你的目的

　　你的目的並不是要做音頻新創，而是要幫公司規畫出一個內部教育

系統，只是員工很忙都沒空上課，想說若是改用音頻，是否能吸引他們的注意。然而，經過分析發現若台灣近期流行音頻的話，那麼，員工的使用意願上被拉高。前面提到第一性原理中需要的硬科學，就是指員工的基本設定、個人動機、還有當代的平台開發技術等，這些都握在了手上，接下來就專心分析事實。

與對方往返兩次，或許反應快的你已經產生初步框架：

A 是負責的是內容頻道，推測不太有機會幫你做出系統。
B 有豐富開發經驗，可以談看看委外開發，畢竟人家市場使用者經驗多。
C 則是很棒的研究備案，若音頻計畫失敗，可以規劃其他課程，肯定是需要 C 的幫助。

👤 步驟4　結果推論

前面步驟就像是創意發想，透過不多的問題挖出最多的資訊，來讓推論階段可以刪減至精煉。

透過 A 的動機與背景，推論他說的今年可能會紅具有一定可信度，但仍有需要證明的假設，例如「A 的答案是從前公司聽來的」，如果他離開公司後直接被隔絕，那麼，他所說的話就會大打折扣了。接著是 B，雖然害怕你進場與他競爭，但這行為正好說明了 B 也認為音頻是個市場，而且搞不好今年會崛起，這時只要調查「B 是否有在撤出音頻市場」這個假設即可。最後是 C，C 可能出於無法想像音頻在生活的樣子，畢竟他從來都不需要，因而給出音頻不會紅的答案。但在

汽車出現前，人們通常無法想像出世界上有會跑的鐵盒子。因此，C 在整個局勢中比較像是大眾消費者，而非早期的溝通與建議者，只能在日後東西出來後，給他試用並觀察他反應，才會更有價值。因此，你重構出了真正的精準建議：音頻今年就會紅，而且該跟 B 談看看合作可能。

在這個局中，其實二個人都沒有惡意，A 給出的建議相對接近精準，B、C 則給出暫時看起來是胡說八道的建議，最後你即將跟 B 合作。

看到這裡，你或許不難想像標題說的「胡說八道」。不是惡意的欺騙，而是善意的不思辯、或是原本就不同的動機、又或是累積多年的背景經驗。只要不思辯，只聽 ABC 最終也只會累積更多的苦惱，最後估計會把所有選項貼在牆上，然後把決定交給飛鏢。

這篇標題使用「胡說八道」這樣強烈的字眼，是致敬哈佛大學某次開學演講的名言「教育是為了讓我們辨識出誰在胡說八道」。我們在找尋答案的過程，正是需要收集很多建議，然後淬鍊出最好的答案。

3.4
說服力:
理性說服的極致,說服的六大限制

商業界有一句名言:「世界上只有兩件事情是最難的:一是把想法放進別人腦袋,二是把別人錢放進自己口袋」針對前面那句話,身為一個靠「資訊溝通」就能穩定獲利的公司,我們更是有滿滿的心得。

不論是上台、一對一銷售、還是與朋友討論晚餐吃什麼,所有的溝通幾乎都帶著說服的目的而存在。根據長年的教學經驗,可以斷言:說服他人最大的困難,在於無法精準講出「讓對方有畫面的利益」。

「讓對方有畫面的利益」背後包含著「你本身 or 對方」、「有畫面 or 沒畫面」、「有利益 or 沒利益」等三個要件須同時達成。由於市面上的課程、書籍,總會告訴大家要學會說出一個好故事、要從對方角度思考、甚至鼓勵你要成為外向又大方的推銷者,這些都是正確知識。它們皆隸屬前面兩個參數的結合,因此單就「你本身 or 對方」、「有畫面 or 沒畫面」來做一次初步的模擬分析。如果要銷售一台淨水器,該怎麼做呢?

	以你出發	以對方出發
沒畫面	這台淨水器很棒你快買。	回到家中不用再買瓶裝水，這台淨水器能讓單身的你可以享受生活的美好。
有畫面	這台淨水器跟你家很搭！買回家後，你的老婆肯定會說，這台很高級很棒。	回到家中不用再買瓶裝水，只要打開水龍頭，拿起杯子，既簡單又直覺，喝水從來都不該困難或還要動腦。

　　在完成前面兩個要件之後，我們距離一個口才流利且看來真誠的業務不遙遠了。但即便如此，當我們遇見那些把故事講得很美卻講不出細節的銷售員時，心中疑惑大於信任，原因正是第三個參數「利益」。利益看似簡單，但卻是商業底層邏輯的苛刻考驗。市面上太多書籍談的是情感與渲染力，這章將著重於邏輯的地基。

說服人的從來都不是你，而是對方能接受的事實

　　在說服的流程中，表面上看起來是「你 → 訊息 → 他」三個步驟，實際上拆分更細膩一點就會發現突破口。於是，在此把說服溝通拆成五個步驟「你 → 編碼 → 訊息 → 解碼 → 他」。編碼象徵著你會思考該怎麼講，並且說出來，然後傳到對方耳裡，對方又會再思考一次你

講的是什麼，最後把意思整理歸納出來。這個過程就很像把一張照片洗出來後，用照相機再照一次該照片，然後洗出來，一樣的訊息隔了多層，有些變質是正常的。

統整來說，**人類預設的編碼與解碼過程會創造出兩個負面效果：1、你講出的訊息通常不會 100% 是你原本的意思。2、對方接收到的訊息通常不會是 100% 你的意思。**

這也正是多半的溝通衝突、會錯意、甚至是幽默笑話的起因，例如：當你要炫耀你有一支超大 iPhone 時，你會說「我新買了一支很大的 iPhone」，如果對方是中老年男性親戚，那他可能會說：「哇，5吋的喔，很大喔」這時，你可能會黑人問號：「蛤？5吋算大？我的明明6.7吋！」

在過去某個時代，iPhone 只有 4吋，因此，遇到在那個年代對 iPhone 有印象卻沒有持續更新資訊的人來說，所謂的大 iPhone 基本上就是5吋機。這個溝通謬誤來自你編碼時認為一般人現在都說6.7吋是大螢幕，所以你使用「大螢幕」的詞彙來詮釋6.7吋手機，而聽者則認為「大螢幕是5吋」，產生了5吋的想像。至此，謬誤發生。

前述的道理很簡單，在此卻用長篇幅來描述，為的就是讓你心裡的解答呼之欲出：一開始講6.7吋就好了！為了在編碼與解碼的過程中失真最少，我們的第一個練習項目：不用形容詞的溝通。

步驟1　試著不用形容詞的說服人

面對信貸，我們只想趕快問利率方案；面對減肥，我們只想趕快問副作用；面對教育，我們只想趕快問對孩子是否有幫助。可是，當我們聽見「超大下殺折扣」就會謹慎注意，不會被說服。若是聽見「今天打五折」，就極度具有渲染力，原因正是「對於他人越客觀的事實，越容易讓他人自然接受」。在做銷售訓練時，筆者會建議就是請先寫好一份銷售稿，全程不能使用任何形容詞。

「我想賣給你一個很漂亮的白色鍋子」就要改成「我想賣給你一個白色、帶青花紋、有點古代感的鍋子」，然後每天開口閉口都練習，微痛轉型說服力專家，30天後不只說服力變強，別人還會說你溝通邏輯變好了。

難道客觀事實隨意使用都能讓人接受嗎？你只要想想，你是否會因為聽完「這台淨水器可以讓你在家喝到毫無雜質、只保留礦物質的水」就想買淨水器？通常不會，因為客觀事實是被認定的。除了具有「不用形容詞的說服」這項能力外，還需要第二個關鍵「何謂好的客觀事實」。

步驟2　六大限制定義的客觀

你可能會疑惑那些講得天花亂墜的利益，為何都沒打中對方需求？其原因不外乎就是「你認為這對我來說是利益，但我認為不是」。究竟對方的利益是什麼呢？坦白說，除非是經驗老道且洞察一切的高手，不然很難一槍擊中。

可是，我們的突破點出現了，當在為對方做決策時，手上的資源調配思維肯定不出時間、人力、風險、金錢、範疇、品質等六個元素。換句話說，作為一個想說服他人的玩家，只要緊扣這六個項目，並盡力的調置這些元素，大概就能先應對日常大部分的溝通需求。

舉例來說，有一個環保購物袋的募資計畫，這個袋子材質很環保對地球也很好，但是一個售價要新台幣399元（平常同級產品只要新台幣69元），該怎麼說服顧客購買呢？不能動的是新台幣399元的「金錢」要素，在與他牌功能性差異不大的狀況下，建構說服的方法就是減少時間成本、減少人力成本、降低風險。與他牌產品相比，使用環保袋基本上沒什麼風險，用起來也不會太麻煩（跟其他提袋產品相仿），那關鍵就是調整時間成本了。

若一個環保袋的使用年限可以拉長，相對就是降低時間成本！因此，這個環保袋很耐用，官方表示可以使用10年。一個要價新台幣399元的袋子可以用10年，聽起來就不貴了。而且在心中掐指一算，發現一年大概只要花新台幣39元就能支持環保，就會認為自己該付出一份心力。

最後，若擔心時間的因素不太吸引人，不妨可以摺疊該環保袋做成飲料杯提袋試試，是不是又把範疇給擴大了。而這就是2018年台灣知名群眾募資案FNG的後設說服力分析。

所謂說服力那件事

所謂說服，不過是：降低成本、降低費時、降低人力、降低風險、提高範疇、提高品質等六個元素，俗稱六大限制。若價格不能降，就談長時間使用；時間不能短，就談花更少人力。思考都以成本先決，當成本真的完全都動不了再談效益的提升，其中效益則由範疇與品質構成。

▨ **範疇：** 可以完成的事情項目多寡，例如買一個層架不只能放書，而是既能放書也能收納雜物。

▨ **品質：** 可以帶來的主觀感受好壞，一樣買了層架，但買了 IKEA，因為比較有設計感，好像能延續對生活的美好想望。至此，我們再度整理出公式。

$$\frac{範疇 \times 品質}{時間 \times 風險 \times 金錢 \times 人力} = 效益（綜合考量的 CP 值）$$

在這個公式的最終結果，就是影響我們決策至關重要的 CP 值。第一線負責說服的工作人員無法調整售價或產品本身，但我們可以透過言語中的客觀事實來提升產品在對方心裡解碼出來的價值，那就是 CP 值。

從上述步驟我們可以得知，與對方談事情時，需要考量到所有元素來建構出自己可以談判的籌碼。從此再也不會講出「幫你帶來宣傳效

益」這種直接不談成本就直接談模糊範疇的贊助鬼話，或是「若你愛我就幫我去買晚餐」的離奇說服台詞（畢竟重點要放在不買會帶來的風險上，而不是一個有品質的愛必然包含晚餐）。

有了正確的邏輯基底，才能開始談情緒渲染。基本功穩了，才能胸有成竹，進而有機會讓自己的情感被自信帶出。

3.5
話術力：
成為最不會犯錯的夥伴，
學會超理性說話術

「蛤？原來你是這個意思。」我想大多數人對這句話並不陌生，可能是來自你說出口的，也可能是聽見別人這麼說的。但無論如何，只要出現這一句話，就代表有人要倒楣了。

一般來說，在工作上的溝通場域，有時會過分高估對方的理解度，在此也可稱為「類通靈」。像是在交代任務時，沒有完整的敘述清楚，導致對方需要自行腦補或理解錯誤。這類型的溝通錯誤，不一定發生在會議上，反而更多是發生在臨時性的溝通、或是通訊群組上的討論。這是現代工作型態上最新衍生的問題，因此，將從以下三個層次來解析並說明如何擊破。

第一層問題　講的不夠多

「上述問題就交給你處理了。」「@○○○ 你覺得如何？」屬於最常見版本，多半出自上對下或是平行溝通（若是在群組裡以下對上用這種方式說話，估計這輩子不用升遷了）。這類型溝通用語的潛台詞是：「反正就上面討論的這些，你自己看」。這種對話出現在會議上

「即時討論場合」是完全沒問題的，若是要用在「通訊軟體群組」上，可是會有大麻煩的。

　　群組中的對談並非「即時討論」，也就是說在正常狀況下，所有群組成員不會同時在一條思考線上，是會出現時間差的。假設群組中有ABCDE等五人，其中AB這兩個人針對問題討論了大概67條訊息，這時，A突然要請主管C來做決定時，主管C就必須要往前翻67個訊息、並理解其中脈絡，完全是把整理訊息的責任與工作丟給他人。這會造成兩種情形，一是C花時間卻無法100%理解，還要再三的跟AB確認意思；二是C無法閱讀，然後產生一個新的方案。但無論如何，這都是非常沒有效率的討論，更是讓錯誤發生於無形之中。

　　也就是說，在群組中比起「@C 你覺得如何？」更有效率的陳述方式是「@C 我們剛剛討論了兩個方案，大致上是＿＿＿方案還有＿＿＿方案，它們各自會產生＿＿＿的效果，請你直接選擇一個方案，然後我們會接著執行。」這樣的溝通方式，比起「欸，你自己看」會有更好的溝通效率。

🧍 第二層問題　內容沒有架構

　　第一層問題是市面上溝通書籍時常瞄準的問題，標準做法是請妥善交代整個訊息提及的「人事時地物」，這個方法並非不行，而是打出來的文字太長一串，就會有「讀到恍神」的人性問題發生。在此舉出一個例子，當你交派任務時：

「下週將舉辦記者會，場地可以租用○○酒店，記者會上的點心會由該酒店提供。邀請的記者名單可以向公關部索取，那份資料我好像有留存，如果有找到的話，晚點發給你一份。啊，如果現場遇到禮品不足時，我可以支援。對了，記者會最好辦在下午，大概辦2個小時就好。有什麼需要討論的地方，都可以提出來，最重要的是，記者會的預算記得先提給我……」

上述文字已包含了「人事時地物」，但讀完就是徹底的煩躁，在閱讀的過程中，接收任務的人心中已經產生了無數個問題：

▨ 酒店窗口是誰？
▨ 餐飲的成本考量？
▨ 原來要送小禮物？
▨ 假設公關跟你都沒給名單時，該找誰索取記者名單？
▨ 何時要開工？
▨ 預算的範圍可以有多少？

排除上述無限多的問題後，還有最重要的「蛤？為什麼突然要辦記者會？」問題。

為了解決前述問題，便是要建立起明確的「說話架構」。架構不只是刪減文字，而是要站在閱讀者的角度重新設計訊息文字，來達成「就算是好幾百字的訊息，但只要有架構就能輕易閱讀」，筆者試著將前面的訊息，在不更改多餘資訊的狀況下，可以改寫成：

「由於下週是我們的 ×× 新品發表，因此。需要舉辦一場人數約20人左右的記者會作為網路媒體曝光。預算上可參考之前20人、並於○○飯店所舉辦的記者會規模。出席的記者名單可以向公關部的窗口A索取，或是也可以等我在2天內把手上的名單整理好給你們，希望能在這週四前去邀請。於下週二前，最好確認實際出席的記者數量與其所屬媒體。最後，現場必須準備給到場記者禮物與酒水，可事先詢問飯店能否提供，不足的項目請於週五前提出預算，來確保我們來得及製作，以上需求請於今天下班前給我一個初步規劃。」

這個架構拆開來看後，會發現有一個鮮明邏輯：「目標」、「核心內容」、「補充說明」、「To Do Things」等四大結構。

目標：使上市產品有網路報導聲量。

核心內容：記者會的預算評估、記者會的流程規劃、盤點出席的記者數量，若是沒有，整個任務便會無法成行。

補充說明：指的是飯店多提供的資源，沒有不會怎樣，但有了就很不一樣。

To Do Things：需要收訊者完成的第一個任務，以避免聽完上述說明後，不知道要提交什麼，就把這件事情放著、消極處理。

這個架構，又可稱為「紙包糖」架構，就像是包著糖果紙的糖果，兩個旋緊的端點就是目標與 To Do Things，一個目標（糖果紙）下有多個任務（糖果），而這些發散的任務又必須收斂到一個提交的形

式（糖果紙）。若是沒有目標也沒有 To Do Things，那糖果就會掉出，最後只剩下一張沒用的廢紙了。

🧍 第三層問題　講的不夠明確

解決了上述兩層問題，你的功力已經超過市售七成書籍所及的了，然而，有一個全民的隱形壞習慣，正長期侵害著工作的信任關係，若能控制這個壞習慣，便能將你的工作溝通能力昇華到高階境界。

這個萬惡的壞習慣，就是「使用形容詞」。例如「這個再改大一點」之後通常會變成「你真的有改嗎？」「夭壽大過頭了吧？」。如果是「希望網站速度快一點」就變成「怎麼沒差多少？」「圖片怎麼都不見了？」等。總之，這樣的形容詞就像是要我們去通靈對方的內心期待一樣難搞。

這個世界上許多的溝通誤解，都是「過度使用形容詞」造成的。為了證明形容詞容易造成傷害，先來科普一下形容詞的身世。經過調查，我們可以發現形容詞被發明是因為人類當初設法去辨識出喜歡什麼、又或是不喜歡什麼，換句話說，形容詞是為了展顯自己主觀價值觀所存在的。

說到這裡，應該不難理解，常見的太快、太難、太簡單、太大、太小等一直無法有標準定義，而在工作場合上學周杰倫講話的「我覺得可以」更是抽象到讓人快要心肌梗塞。

日常溝通吵架就算了，但工作溝通雷到別人可是會引起連鎖反應，

因此形容詞必須慎用。例如：「我希望能有一個盛大的婚禮」，請確切改成「我希望有一個席開100桌且至少要在典華酒店等級的場地舉辦的婚禮」就令人感到具體且好規畫許多。畢竟沒有人能理解你說的「盛大」是多盛大，只要指出「100桌」就能瞬間明白。

想要將溝通學到極致，不妨跟著《防災指南》學習吧。防災指南可以說是最高溝通技巧。當災害發生時，防災指南需要讓住戶在短短幾秒的反應時間內，瞬間完成複雜的防災動作才能順利生存，因此，其遣詞用字與邏輯的設計都屬於最高規格。才能讓你在地震指南上看見「把大門全開，保持等身通過的暢通」，而非「把門開適量」，在危急時刻，你根本無法思考何謂「適量」。

最後，如果丟出的問題不怕主觀答案，只是想蒐集意見的話，基本上把「你覺得…」改成「你個人主觀上覺得…」就能降低對方的回答門檻。例如：「你覺得這份提案你老闆會過嗎？」可以改成「依照你的個人主觀印象，這份提案你老闆會通過嗎？」或是改問具體事實：「在你負責這份工作的期間，曾遇過像我們這樣開過會討論好幾個細節後，卻被老闆直接否決的案例嗎？」不論是哪種方法，我們都能讓對方更好回答。

透過改善以上三個層次，將有效提升講話的紮實程度、以及可理解度。

將話講得具體是你的價值所在

如果你的工作性質中人脈關係鏈影響較低、執行能力需求較高，若

能妥善發揮溝通，便能決定你升遷甚至身價翻倍的關鍵。在月薪10萬台幣以上的專業工作領域中，是非常重視「節省溝通成本」的。以前學生社團時代，處理問題的做法就是彼此坐下討論看看、或是創意發想，至少大家待在一起總能想到方式。但是，這種鄉愿想法就留給過去吧。

我們現在負責的都是更具價值性的專業工作，對時間必須敏銳，為了減低不必要的時間耗損，應該致力於降低彼此溝通門檻。當他人還在囚溝通失誤而重複解釋，我們已經用明確的溝通架構解決十倍等級的問題。

3.6
情緒力：
情緒管理就像整理房間，
一不注意就會變成垃圾堆

　　有越來越多研究顯示，因網路社群發展及人際關係變化，現代人有情緒問題的比例日漸升高，情緒管理已經成為必修課題。情緒問題可大可小，輕則使喜怒哀樂難以控制，使自身陷入困惑或低潮；重則干擾人際關係，在職場上影響工作，使日常生活完全失控。

　　所幸隨著社會觀念的改變，大眾對心理疾病的排斥降低，也越來越多人願意正視情緒問題。若有情緒心理相關的疑慮，各級學校都會有諮商單位，就算覺得自己狀況不甚嚴重，單純聊天也是會有幫助。若情緒問題已經開始干擾日常生活，誠摯建議尋求專業單位的協助。假如問題仍在可控制的範圍內，歡迎參考下列幾個小技巧，增添職場情緒力！

你可以承受多少垃圾事？
掌握負面情緒容量

　　試著記錄自己的情緒變化，有意識的注意自己的心情，尋找自己大笑或低落時，可能的原因是什麼。也可以對心情低潮做長期觀察，也

許是每個月的固定幾天，也許是已經連續忙碌兩週時，也許是某個特定事件發生之後，從這些事件的相關性中，你可以整理出大致的規律。

跟同事有摩擦，記兩點；被店員擺臭臉，記一點；班車誤點，記四點；週末停休，記八點。累積滿十點你也會擺出臭臉，累積滿十五點你會把怒氣波及到身邊的人，累積滿二十點，暴怒當機，手機關機，工作交際全部停擺。

所有的情緒反應都是生理保護機制的一環，筆者並不建議刻意去壓抑，但建議無論在事發當下，還是在事件結束之後，都必須仔細思考兩件事：「事件中真正困擾我關鍵為何？」、「事件發生的原因為何？」。隨著思考越來越熟練，一樣的事件，對你的情緒影響就會越來越小。

情緒管理就像打掃房間，房間能容納多少垃圾？累積多少會影響生活？外溢的垃圾是否會波及其他鄰居？問題的答案因人而異，只有你自己最知道。理解這些細微的觸發條件，便可以更精準的掌握自己的情緒。能事先知道問題所在，在處理上會輕鬆得多。

定期環境打掃，環境整潔小技巧

無論垃圾累積的速度多慢，只要稍不注意，遲早會堆滿整個房間。每當情緒水位即將到達高點，你就該準備做一波清掃。吃大餐或小點心，跟朋友喝兩杯聊心事，找愛人擁抱或摸摸頭，跟親友來一趟舒壓的小旅行，看一齣會大哭或大笑的電影……。

有些人可能會認為，放假了卻沒有放鬆的感覺，或是出去玩卻快樂不起來，這時應該注意的是：「你可能還處於壓力狀態」。

親友約好要週末小旅行，過程中卻不斷地收到工作訊息；難得能在家休息一整天，仍然為了家務開支煩心。心中持續掛念的煩惱，使得你無法全心全意的放鬆自己，你終究必須去面對壓力的根本原因。或許比起出遊玩樂，告知主管後將手機關機一整天，或者細算一輪半年內的經濟開支，更讓你能安心喘息。唯有解決問題、阻斷壓力來源，才有真正休息的空間。

小學時一瓶養樂多就能解百憂，長大後可能得來兩手金牌啤酒才有效果。原本可能需要出國旅行、看看不同風景，才能轉換心情，現在只需要和愛人在沙發上依偎，度過一個不被打擾的午後，就能充飽電力，繼續迎接挑戰。每個人都有最適合自己的打掃方式，隨著年齡和經驗增長，不同的手段，效果也會有所變化。用最低的成本，讓心情調整到最好，就是屬於你的專屬秘訣！

垃圾減量，把垃圾還給壞鄰居

除了定期清掃，也要嘗試做垃圾減量，如果生活中大大小小的事情，都會使你產生情緒垃圾，無論你再怎麼清掃，房間永遠清不乾淨。分析情緒垃圾的來源，理解這些事件發生的原因，只要知道解決方法，往後的困擾就會慢慢減少。

除了不可預期的意外，確實有些生活上的困擾，是他人刻意所為。可以先做友善的勸說，明確表示出自己感受到困擾，且確實是因為對

方的特定行為所造成。假設勸說不成，壞鄰居依舊源源不絕的將垃圾丟過來，此刻你的選擇只剩兩個，默默吞下去，或者將垃圾還回去。

如果你自認情緒回復力夠高，多少垃圾都能消化掉，那你可以選擇繼續隱忍。但通常來說，你開始意識到這份額外垃圾時，大概就是你忍無可忍了。處理概念很簡單，當他將困擾帶給你的同時，你也會使對方受到同等或更高的困擾。要讓對方清楚地埋解，一時為了方便亂丟垃圾，往後必須花費更多成本來處理。

以下是面對職場上「被推卸工作」、「被情緒波及」時，可以怎麼應對，而你也可以開始思考屬於自己風格的回覆：

	被推卸工作	被情緒波及
容忍接受	好的我來	……
直言拒絕	這是你分內的工作，我沒有義務要支援你。	大家都成年人了，成熟一點，克制一下好嗎？
委婉表態	不太方便噢，我這邊也還有工作進度在趕 ^^	我知道你也很委屈，但這樣遷怒同事，我覺得有點無辜。
返還成本	好的我來，但最近工作排程比較滿，下個月交給你可以嗎？這部分我比較不熟練，內容可能會有滿多缺漏的，再請你複查囉～	為人處事是互相的，如果你不改正遷怒他人的壞習慣，以後我也不會給你好臉色。

每個人習慣的應對方式不一樣，在解決情緒問題來源的同時，也應該思考此話一出後果。但以筆者的親身經歷，比起隱忍不發，說出口才有機會讓問題被解決；比起擔心與同事交惡，更擔心彼此無法知錯改過，永遠傷人而不自知。

資源回收再利用，垃圾也能變黃金

　　「吃苦就是吃補」、「吃虧就是占便宜」，這些老一輩流傳下來的俗諺，雖然有些人認為是養成奴性的歪理，但換個角度來看，這正是磨練抗壓與任性的機會。說直白一點，今天你會在這個地方受氣，很大的原因跟自己的能力有關。個人的努力與累積，尚不足以使你脫離這個不適合的環境，而你唯一能做的，就是吸取更多養分，把剩餘的心力都拿來成長。

　　同事時常請假，一通電話就要你支援，你可能不是每次都能回絕，但你總能找到適合自己的收穫。也許是學習還不熟悉的工作項目，也許你這個月剛好缺一點薪資補貼，也許你想多累積幾天假再一次放，大多數的困擾，換個角度都還是有收穫。回歸當初進入職場的初衷，把握自己能掌握的，原諒那些不能控制的，將所有困境化為養分吧。

Part 04

進入團隊，
在生態中求生存

4.1
越是冷靜,越能順利!──
白臉團隊的黑臉擔當

| 黑 臉 | 說一些討人厭的話,順利的話可以拯救團隊。 |
| 白 臉 | 不說傷人的話,直到團隊終於傷害自己。 |

「啊,這件事就這樣吧,也不要給 A 難看。」

你可能或多或少聽過這種「不要給誰難看」或「以和為貴」的說法。團隊害怕衝突,於是大夥下意識地選擇維持和樂,而那些可能會傷害感情的事悶著不說。選擇這樣的做法,後果輕則會議冗長,重則做出糟糕的決策,讓事情越演越烈,讓人際關係變得猜忌封閉,讓專案陷入危機,難以挽回。

「所以，我們現在是要好好開會了嗎？」不如冷靜地說出這句話，扮起「黑臉」的角色，才能讓事情回歸到正軌。

你可能也遇過，在會議的某個瞬間，主管的一句話便讓全場寒毛直豎。可能是有人在不該開玩笑的時候開了玩笑；也可能是對於該負責的決定，選擇推託。總之，講出這句話的瞬間，與會的大家彷彿重新啟動，紛紛都醒了。這樣　來，可以開始有效率的開會，也可以不閃躲地扛起責任。

國王穿著新衣，試著當唯一說實話的孩子

在人際關係中，大家喜歡和樂討論的環境，「生氣」是群體想要避免的情緒。所以，在會議中的溝通，很常上演「國王的新衣」。

很愛打扮的國王，遇上兩個騙子。他們自稱能織出最美麗的衣服，但是，愚蠢的人是看不見的。兩個騙子在空空如也的織布機上忙碌起來。不管是大臣還是國王，都不願承認自己的不聰明，所以硬是穿著「不存在」的衣服上街。最後，在出巡時，被天真的小孩說破「國王根本沒穿衣服」。

在會議上，也經常上演這樣的情節。大家可能害怕承認或點破問題，給負責的同事難看，破壞團隊的和樂氣氛，因此選擇逃避、不溝通。最後，會議決策淪為空轉。

回頭來看，難道「以和為貴」真的是錯的嗎？難道事情不能「好好溝通」嗎？為何一定要生氣呢？事實上，重點不是「生氣」，而是

「創造一個重新啟動的機會」。不是「生氣」就能達到好的溝通，而是要準確地知道現場的人在逃避什麼。身為團隊中的黑臉，你要精準地點出問題，就像那則故事中的孩子。

我想說真話，但我怕被罵

即使我們都知道「扮黑臉」，可以快速改善局面，但要指出同事、客戶甚至前輩的盲點，仍然充滿壓力。要怎麼開口，才不至於在扮黑臉之後，變成黑名單呢？

在會議之中想說真話，不僅新人擔心人微言輕，小主管也怕傷害團隊感情，大老闆則又可能隨意開砲，有觀點但沒建議。要怎麼說有用的真話，讓傷害盡可能小，而效益能最大化，是進職場第一天起就該好好準備的功課。

要傷人，但其實是幫人，我們可以向外科醫師學習：
「精確診斷」：弄清楚問題在哪，非扮黑臉不可嗎？這是會議中能解決的嗎？
「麻醉止痛」：表明對團隊的信任，大量說出目前的優點，稱讚稍後要建議的對象。
「快速下刀」：精簡講重點，用**「如果」**、**「會不會」**、**「假設」**，取代**「但是」**。

最重要的是第四步驟，這會決定手術（扮黑臉）的成敗。
「術後觀察」：發言前後保持謙和，仔細觀察會議氣氛，若整體而言得到稱許，則致謝大家給的肯定；若整體氣氛變得僵硬，則重新發

言，積極道歉以及提出補正方案，然後再次道歉。這些措施都是為了避免士氣低落，或者遭到團隊排擠。

這不會是容易的事，出手前請確認自己沒有「為黑而黑」，沒有人可以意氣用事。但這終究是必要技能，尤其是老手或主管，不會「說真話」，下屬要怎麼學東西？

你是好人，也是個壞人

既然情緒只是一種溝通的媒介，作為團隊的黑臉，你勢必要明確地知道任務性質，再用語氣或情緒包裝。也就是說，扮黑臉這件事，不是一種「生氣示威」，而是一種溝通的策略。

不一定要怒氣沖沖地講話，而是用嚴肅、謹慎的語氣溝通。因為目的不是讓大家害怕你，而是意識到這件事需要嚴肅待之，才能趕快進入狀況。這是藉由「大家害怕衝突」的習性，來讓在場的人冷靜地重新回到開會的核心問題。也就是說，「扮黑臉」這件事，其實是以情緒創造一個契機點，來轉換討論的氛圍。

當然，最好的狀況，是參與會議的每個人都能直指問題的核心，釐清責任的歸屬，並承擔起自己的責任，共同擬定下次嘗試的方針。在這樣的環境下，就不需要黑臉了。因為，團隊每個人的心中，都已經有個自我檢核的基準，當自己不害怕擔起責任，就能夠坦承錯誤，並和團隊一起商討解決方式。

當所有人都能在白臉團隊，自在切換黑臉模式的時候，就沒有任何

一個人要獨自背負扮黑臉的壓力了。而從有黑臉的存在，到每個人心中有自己的「黑臉」，在這個過程中，必然發現「有人生氣」或者「團隊衝突」並不可怕；反而是鍛鍊、增進自己解決問題技能的好時機。

4.2
全面防漏，團隊安心——
除錯除到強迫症，
日常焦慮者的黃金定位

讓狂人飛・說文解字

| 除 | 錯 | 幫大家解決一些，沒人有心力／興趣注意的小細節。 |

從主管手中接到工作的那一刻，你便開始沙盤推演，預先思考整個工作流程，預先做好心理準備；如果這恰好是需要幾個團隊合作完成的大專案，面對即將到來的複雜人際關係，你便開始觀察每個人的工作習慣，預先猜測可能的溝通失誤。

有人會說「你想很多」，其實你只是提出各種狀況的可能性，想盡量避開風險；有人會說「你很細心」，因為你在眾多可能性中，找到了大家不容易發現的失誤，讓整個專案避開極大的風險。

時間一久，你的人設將是團隊中的「最後一道防線」。因為你練就

了在「不疑處有疑」的直覺，意識到團隊有可能錯估的風險。甚至，你還會尋找前例與證據，佐證自己的擔憂，說服團隊自己的擔心是有所本。最後，確保事態的發展不會危及到團隊與專案。

保持除錯是才華，「緊張」是專屬你的偵測雷達。只是，你需要再多加些「外掛程式」。

外掛程式1　轉化焦慮，與焦慮和平共處

之所以會有「專案」生，大多是公司除了穩定營運之外，想做些新的嘗試。可能是為了要製造一個新產品，或是為了測試某個短期目標。一個專案會在特定階段召集不同領域的工作者一同完成。

既然不同於日常營運，又是跟許多人合力完成，可以想見會有新創的點子產出，測試時會有失敗等風險，也會有上級需求、經費支出或者時程延宕等變卦，這都需要團隊臨機應變。而改變通常會如連鎖反應，一個個接踵而來。

面對這麼多變動，團隊中若有一位「緊張大師」，是一件極有幫助的事。但是，緊張或焦慮只是幫助人偵測到，某一個地方「可能」有狀況，並不能代表專案「真的」有問題。

如果你就是那位緊張大師，那麼，在你的「雷達」響起時，學習去拆解自己的感受，依照下列步驟思考：

步驟1：思考是不是因為自己曾遇過相似的狀況，但那時有不好的結果呢？

步驟2： 接著思考，你遇過的狀況跟現在的處境，條件真的相同嗎？

步驟3： 如果情境類似，你該怎麼具體但簡單扼要地和團隊說明你的想法？

也就是說，自己的感受必須要經過逐步的檢查，評估你的「焦慮」是不是真的具有威脅性，才能被轉化成對團隊有幫助的建議。另外，你在檢查過去與現在的相同及相異之處時，也是另一種學習。若能在過程中找到案例，在團隊討論上也會聚焦非常多。

🕴 外掛程式2 寫下每一次的思考，為的就是確保團隊執行的良率

隨著時間的歷練，你開始能順著自己的天性，為工作加分。從原先只會窮緊張、弄得團隊也緊張兮兮的人，變成敏銳於事情變化、進而提出對團隊有幫助建議的人。

工作當中，你可能感受到自己「偵錯」的直覺。但是，你必須把這個直覺，落實為一種細心的習慣。要養成這種習慣，你可以條列式地寫下自己每次的思考，或者是做成一份檢核清單。製作這些紀錄，除了能減緩自己開始新任務的焦慮，也可以在每次的變動中，找到檢核標的，甚至還可以提供這份紀錄，給往後的新手參考。

以下是筆者在即將到來的活動時，會先列出簡易的工作檢核清單，這部分可以視工作實際情況靈活增減。

講師邀約暨接待流程

☐ 活動流程確認　☐ 演講預算確認　☐ 預計主題確認

☐ 擬定講師名單（至少兩人）　　　☐ 邀約信撰寫

☐ 邀約信確認（☐時間 ☐地點 ☐費用 ☐主題 ☐邀約主因）

☐ 邀約信寄出　　☐ 回覆信撰寫　　☐ 行前通知（☐交通方式）

☐ 基本資料索取（☐照片 ☐簡歷 ☐講義）

☐ 當日簡訊（☐接送方式☐聯絡方式☐餐飲詢問）

☐ 現場接待（☐飲料 ☐休息區 ☐投影片測試 ☐影音測試 ☐單據簽領 ☐給款方式）

☐ 演講開始（☐介紹講師 ☐工作人員待命 ☐活動攝影 ☐文字紀錄）

☐ 演講結束（☐總結致謝 ☐大合照 ☐回饋問卷 ☐送講師離開 ☐回收車票）

☐ 後續公關（☐寄贈活動照片精華 ☐活動（正面）回饋 ☐活動圖文紀錄）

　　如此一來，不只讓自己的團隊不會再犯相同的失誤，更讓這些經驗能有系統地傳承。也確保每次專案的執行狀況，不論是否有新人加入，都能維持在一定的水準之上，並更有餘裕地面對新的挑戰。

4.3
遠距工作也自在──
幹嘛見面三分情，
不進辦公室最對味

讓狂人飛・說文解字

遠 距 工 作

相對於跟大家一起待在辦公室裡，在外面（咖啡廳或家裡）工作就是舒服啦。

「A 都不進辦公室，他憑什麼擔任主管職？」「這種不露臉的人，到底有沒有在做事啊？」「沒有實際碰面討論，這樣感覺效率好差。」

「遠距工作」，原本是年輕人的老把戲，在疫情之後，都變成了大企業的新寵物。曾經質疑遠端工作的老派公司，都在 2020 年的疫情之後，紛紛習慣了 ZOOM、GOOGLE MEET 等線上會議軟體。即使疫情緩解之後，也仍有公司繼續維持遠端工作的權限，讓員工自由選擇上班、會議、洽公的形式。

即便如此，較為傳統一些的工作環境，對於「不露臉」的同事，仍然充滿不信任感，彷彿他沒進辦公室，好像就是沒處理公事；總覺得還是要在公司打個照面，才能建立起同事間的信任。但是，真的是這樣嗎？難道在辦公室就能好好辦公？難道見面就一定能相處得比較融洽？難道在家工作快樂又高效的我，必須回辦公室和前輩扮家家酒嗎？

我們可以比較以下兩位同事：

B會在正常上班時間，但他時不時會瀏覽跟工作無關的網頁、購物、聊天或玩遊戲，老闆出現時再切換到工作畫面。下班時間到了，他才開始積極處理公事，並努力地讓老闆、同事與身邊的朋友知道他正在「加班」。

C則是遠距工作者，他與老闆協調工作時程，並且主動、定期回報進度。發現專案卡關時，也會積極提出問題與解決方案。他在家工作，雖然沒有進辦公室上班，但是，會在時間內把工作妥善安排，並且完成。

這樣一比較，你覺得B和C兩人，誰對於工作比較投入呢？

大多數的人，會同意C是較投入的工作者。畢竟，B雖然有出現在辦公室，但他把本該上班的時間，拿來打混摸魚；把該下班的時間，拿來處理原本就該處理的事。C則是以工作為導向，不會為了塑造一個勤奮上進的好形象，而表演「加班」這件事。相信你已經從B和C的比較中，知道工作認不認真，跟進不進辦公室，其實是兩碼子事。

一定要與同事打好關係嗎，
不能直接開始工作？

公司的本質是商業營運，而營運是靠公司內部人與人的互動與合作撐起。人與人在職場上的關係，一直是個備受關注的議題。

常見的說法是「見面三分情」，不但讓同事因為見面的情分比較好講話，也讓自己與不同的人多多交流，將會為自己的未來職涯加分。另一種說法是，好好經營辦公室關係，好人緣會讓執行專案過程更順暢。除非是外包單位，否則「見面三分情」的神話，和「經營辦公室關係」的建議，都讓想嘗試遠距工作的新人類，覺得備感受挫。

筆者認為可以試著把經營關係、維繫感情，或是搞「辦公室政治」的時間成本，花在讓專案更好的協調上，在工作上坦誠溝通，彼此對事不對人；當然，工作夥伴間的溝通、磨合是一定要的。

但是，這裡要提醒的是，不要把「人緣好」和「工作能力」畫上等號。

有些人雖然不常在辦公室，但做事能力很強，透過專案的合作過程，夥伴們會因為「能力」而知道他們的專業水平，而非倚靠是否「面熟」。對主管來說，更可以透過具體的工作表現，來評估其績效，而不會只看到表面功夫。

自己的責任自己扛，主動回報工作狀況

若你選擇不定時進辦公室的上班模式，相對來說很「自由」，但你也必須讓老闆、主管，或者其他工作夥伴信任你。

信任的重點在於「溝通」，也就是說，你需要建立起一套溝通的準則，來確保團隊的工作進度與專案目標。另外，也需要選擇相對應的溝通平台，可能是一些群組軟體，像是 Slack、Jandi，也可能是慣用的應用程式，像是 E-mail、LINE 等。

總之，讓辦公室夥伴與你保持資訊流通，並主動定時回報工作狀況，維持相同的工作步調，不論工作地點在公司或是住家，這些都是必要的。當你進到辦公室，會有一些外力促使你回報工作狀況，像是看到老闆走來，便會想到要 update 目前狀況。但是，當你不在辦公室工作時，就必須更主動、定時地告知，這才是對自己的選擇負責任、讓同事能夠信任你的表現。

得到信任的人，不論是不是遠端工作，都配得上這份尊重與自由。

4.4
抱歉,這個我不行——
面對藝術家脾氣的同事
該怎麼辦

讓狂人飛・說文解字

| 藝 | 術 | 家 |

只想著如何交出完美作品,完全不管現實考量的人。

你是否還記得學生時期,總是會有一種人,時常以自己為中心,完全不管旁人的想法,導致一起合作的同學緊張兮兮。

高中社團的成果發表海報,由萬中選一的美術擔當同學負責,他已經畫了大約十來個版本。在同學眼中,每張都很讚,和同儕的作品比較,皆屬水準之上。但,同學本人總是不滿意,只見他壓著方向鍵上上下下左左右右,將文字方塊移來移去,旁人幾乎看不出差別。不就是個成果發表會,不就是個簡單海報,不就是個讓社團名稱與必要資訊清楚標示的小工作嗎?怎麼可以搞得像是雕刻大理石般,彷彿不雕出個大衛像或是維納斯,就不肯罷休?

當然，基於對他美感的信任，以及過往的成績來看，最後的成果確實卓越。海報貼在社辦牆上，甚至被人誤會為某個專業設計師的作品。然而，其中的代價便是，在死線前的所有時間，都必須奉獻給他，甚至在死線上極限賽跑，讓他在完美之外追求卓越。

進入了職場，才發現身邊總是會有這樣的同事，面對如此「藝術家風格」的夥伴，我們該如何應對呢？

當工作的現實對上藝術家的超現實

公司之所以能順利營運、專案能順利執行，就是團隊中的每個人在固定的時間完成各自的任務，才得以完成。若其中一個環節，因為某個成員的藝術家個性，導致專案延宕，恐怕無法以「結果是好的」就能撫平，因為這也會牽扯合作條約上的違約可能。

像是接到行銷宣傳的工作，需要製作臉書的發文素材，不太可能給予一大段工時，從零開始手繪、調整，並生出五個版本供主管選擇。更何況，負責社群的其他同事，一個禮拜就得發出十來張的圖片，如果要像是參加設計大獎那樣完整準備，實在會搞死整個團隊，甚至排擠到同事們的工作時間。

退一步說，有時業主的訴求，與「藝術家設計師」所追求的美感有些微落差，難道就要用個人的社群帳號發一篇動態，大喊業主美感崩壞；又或是與業主、主管意見不合大吵一架，委曲求全地配合他們的需求，最後一怒之下離開公司，恐怕也不是職場人士該有的表現。

在有限的條件下，
盡可能滿足需求、解決問題

從這種藝術家性格的人身上，你可以反思什麼叫「在有限的條件下，盡可能滿足需求、解決問題」，若時間、人力與經費有限，那便該設定清楚具體的達成目標，來滿足業主、主管的需求。

舉例而言，若是常態性的社群發文，圖片的交付日期，可能就關乎這篇貼文的發文時間，以及投放廣告時所要觸及的社群範圍。在條件限制之下，需要的內容就僅是簡單的圖像，或是現有素材的拼貼。因為，貼文的訴求是「如何在快速瀏覽的社群媒體上，快速抓住消費者的注意力」，簡單的圖像，配上對比強烈的配色，效果可能遠超過精緻的設計。圖片需要放棄一些細緻的小彩蛋，讓重要的文案被放大，或者略性地加入某些「梗」才行。

同樣的道理，做企劃的夥伴也可依此邏輯檢視自己。手邊的案子，在現有的資源之下，首要達成的目標是什麼呢？在我們需要解決的問題之中，優先順序又是如何？是否在某些環節中，直接挪用現有的形式就好呢？就像設計同仁為了抓緊時間，購買付費圖庫，增加設計效率。

先判斷最適合的規格，再思考最好的版本

就像料理比賽一樣，若預算與食材無上限，廚師當然可以發揮最大實力，追求最理想的品質。但是，現實的狀況更像是三百元料理大賽、指定食材料理大賽、十分鐘料理大賽，這類充滿限制的情況。

因此，若是遇上藝術性格同事、或是自己本身就是藝術性格的人，建議在自己心中，先大致規劃好至少三個等級的規格：無上限表演版（又稱 show case，不計成本也要做出成績）、正常發揮版、陽春簡易版（不要引發公關危機、不要違法，此外能完工就算過關）。並在開始工作前，先與同仁溝通，或自行評估該歸類在哪個區間，需花費多少時間、精力完成。

簡言之，這絕不是與現實、平庸妥協，降低自己的標準；而是用最有效率的方式，達到符合要求的最佳解法。換個角度來說，能讓藝術家夥伴「回到地球表面」，難度遠比火力全開來得高呢。

4.5
入主危樓,即刻救援——
成為高壓中的潛力短跑型跑者

　　有些同事常被嫌棄做事太沒規劃,總是喜歡不停地拖延,然後再一
次衝很快。也就是說,可能他不適合「馬拉松」這種需要長期規劃的
任務,因為不擅長分配每一階段要花費多少時間。但是,反過來想,
或許他會比較適合當短跑型選手呢?

　　馬拉松需要長期的規劃,預先安排每個階段的步調。而比起漫漫長
路,有的人更喜歡有爆發力、能夠盡情衝刺的比賽,享受在高壓狀態
中潛力被激發的快感。這種類型的人,很容易在超級緊急的狀況下更

專心，而且，能夠火力全開地應付接踵而來的突發狀況。可能是因為有時間的壓力，更能讓人被迫思考真正核心的問題。

落難專案的轉機，即刻救援的必須

比賽並不總是一帆風順。如果是在棒球比賽，當主力投手突然失常，被敵方打擊手修理得灰頭土臉，團隊分數嚴重落後，士氣就會變得低迷。這時，教練只得派出「救援投手」上場，為球隊止血或保住勝果。可以看得出來，救援投手上場的時機，通常是情勢處於極度不樂觀之時。

在一個團隊執行專案時，也會出現類似的情境。像是因為主管判斷失當，或是專案領導人突然離職，讓營運或專案陷入困境，甚至空轉，團隊也跟著面臨高壓狀態。這時，就會需要一個「救援投手」，扛起這個危機點的重責大任，背水一戰。目標是要將組織或專案的耗損降至最低，並讓整個專案可以順利結束。在這個轉捩點，需要有人提振士氣，需要有人帶大家衝刺。

然而，不是每個人都適合當「救援投手」。這類型的人，需要具備短跑型人格特質與偵探般的能力，才能漂亮地逆轉勝。否則，只會讓問題更加惡化，不但未能止血，反而還造成組織的傷害。

危機就是轉機，洞察分析則是利器

救援投手是接替別人上陣的，通常會面臨到非常混沌的情境，像是需要理解前一位負責人的交接情況、專案的限制與目前的危機。所

以，救援投手需要有偵探般的能力，運用縝密的邏輯與細心的觀察，推敲整件事情的概況，並分析目前的盲點，但有兩項重點是救援投手必須要注意的地方。

1 時間控管

了解狀況的同時，確認「死線」需要被排在優先項目之一。因為，時間通常是最大的壓力來源。有些工作會有一個必須完成的期限，或許這個期限是可以協商的。協商後可能會爭取到一些時間，接著就可以著手擬定時程，讓緊急工作可以階段性地完成。

時間另一方面也取決於任務的總量，與相關單位協商，在目標允許的情況下縮小任務規模，減少必須完成的工作內容，讓所需時間下降，也是一種選擇。

2 確認尚未完成的計畫

當你今天擔任專案的「救援投手」，為了讓任務圓滿達成，要不重新擬定時程，要不改變任務總量。之後，救援投手必須快速分析，在這個期限內，為了達成既定目標，有哪些核心工作或指標需要完成。

總之，身為救援投手，需要的是快速掌握專案的全貌，同時又必須著眼於細節，在抽絲剝繭的過程中理出頭緒，察覺核心問題。另外，還必須兼顧時間與經費的壓力，考量各方因素，研擬最適合當下的執行方法。

除了臨危不亂，還要修復內在關係

在專案中的「救援投手」，不只要為團隊尋找順利運行的可能性方案，還需要帶領團隊走出愁雲慘霧的狀態。專案大抵上可以分為「事」和「人」。

處理「事」這個層次，心理素質也是十分重要的。救援投手總是從中間才介入緊張局勢，面對危急的人、事、時、地、物，必須要有良好的情緒掌控能力，才不至於在緊繃的情勢中自亂了陣腳。

處理「人」這個層次，當團隊面對高壓狀態已經顯露疲態時，可能是因為感覺力不從心，也可能是前一任負責人處理失當，造成專案成員關係緊張。因此，救援投手也身兼「修復關係」的角色，人格特質還必須具備同理心，能傾聽團隊聲音，達到安撫的目的，最終重建良好的互動關係。

在擔任「救援投手」時，可能會因為專案十分危急，不容易及時做好關係的修復，先安撫成員們的情緒，讓專案得以完成。在專案順利結束後，主動釋出善意與先前關係緊張的成員重新溝通，說出彼此當時所認知到的事實與感受，釐清雙方想法上的落差，並共同討論下次如何可以讓合作更順利。

4.6
交朋友,累積人脈的養分——
不管你是內向或外向,
有些基本道理要懂

交 朋 友　結識那些願意幫助彼此、讓彼此成為更好的人,才算真正的交朋友。

「誒,你說的 A,我在大學跟她是同個社團的,他是我大學學姊。」

「喔,你說 B 啊。我們曾經參加同場活動,在那時聊得滿愉快的!」

「啊,我知道 C,我們都是貓奴。在貓咪交流社團曬貓咪認識的。」

　　你可能或多或少聽過類似的情境,或者你就是常說「我認識誰誰誰」的那個人。

　　A 可能是你求學時期的人際網絡,可能是直屬學長姐,也可能是校內團隊結識;B 可能是你出社會後,參與某個業務活動,因為待在相同產業,所以有許多經驗交流。相較於 A 和 B 的案例,案例 C 則純

屬偶然，是因為有相同的興趣而結識。

　　朋友的定義可嚴謹可寬鬆。重點在於，你們是不是關注類似的話題，或相似的信念，來讓彼此產生交集，建立連結。

有關係等於沒關係？

　　你可能會擔心：「如果我很內向，怎麼辦？」其實不管性格與否，還是可以找到屬於自己拓展人際網絡的方式。如果害怕直接面對人，不妨試試在社群網路分享，簡單寫下自己的觀察，像是工作心得，或是某些事件的看法，試著把內心的事情先寫出來，日後總會有說出來的時候。

　　如果你只是不習慣和許多人互動，或許可以先從朋友的朋友互動。拋開對那個人的預設立場，在對話中，交流不同產業的經驗，並回饋自己的想法。交流的不二法門還是「真誠」。真誠是指「不要為了認識而認識」，而是要聽進對方的想法，並且盡可能地給予回應。

　　當你給的回應越深入，越能讓對方印象深刻。而且在談話的過程中，也能有額外的收穫，可能是對於其他產業有更多的了解，也可能增加既有經驗的見識。

　　又或是如果覺得自己不擅長閒聊但又想多認識人，可以參加主題較明確的講座、工作坊等活動，先準備好一定用得上的共同話題，例如為什麼會對這個主題有興趣、有什麼相關經驗、有沒有推薦的類似活動等等，以此開啟對話和消除緊張感。

現代每個人的時間相當碎片化，甚至只有一次互相認識的機會，把握每一次關係建立的可能，讓別人記住你，讓自己也有收穫，或許能發現潛在的工作機會，或合作業務的切入點。

複雜的工作型態，動態的人際網絡

近幾年來，工作型態變得多元複雜，大公司的策略編制轉向，新創公司如雨後春筍出現，自由工作者風潮正起。社會新鮮人為此感到迷惘，不知道要先選大公司累積經驗，再跳槽到新創公司施展手腳；或是，先到新創公司接受全盤的考驗，成為自己日後工作的養分。而已有工作經驗的人，或許覺得正職工作失去挑戰，自由工作者的型態才是生活的理想平衡，正在考慮是否出走。

然而，不管你選擇要從哪裡作為自己的職涯起點。廣結善緣會成為你隱性的幫助。

曾有朋友在出版產業也深耕多年，想要離開公司，恰好在某次的活動中認識新朋友，聊天過程中，對方告訴他公司想要外包一些稿件，需要外包編輯，因而開始累積獨立接案的作品集。也有朋友每週三都會固定參加桌遊活動，剛好組隊的人是新創公司人資，提到即將啟動專案經理的職缺，因此得到一個進入新創公司的管道。

有時候，機會總是來得又急又快。你該問自己，在那時的你，準備好了嗎？

「你是誰」比「你認識誰」更重要

很多人說,要成為像×××(自行帶入自己的偶像名字)一樣的人,要先建立「人脈」,因此,有些人會積極參與某些被稱為「大拜拜」的活動,例如,加入獅子會或者讀 EMBA,為的就是認識更有機會幫助自己的人。

然而,關鍵不在於你認識了誰,擁有多少張名片,更重要的是「你是誰」以及你如何展現你自己。

這時,可以從朋友、主管等外部評價來了解自己,例如:朋友眼中的你是個怎樣的人?上司將你介紹給外部單位時,是怎麼介紹你的?你的價值是什麼?或是在每次新的機會到來時,問問對方為什麼選擇與你合作?對方一定是認為自己的能力不會讓他丟臉,才可能給我們機會的。有可能是因為自己的抗壓性良好,被人看見,因而被舉薦進入新創公司;或是在志工服務的合作中,看見你對教育的熱情,因而邀請你參與教育相關的組織工作。

也可以嘗試記錄自己工作、興趣、生活中所發生的事情,從中統整歸納出自己有的優勢,找到自己有重大突破時的關鍵因素,例如:在危機發生時能臨危不亂的帶領夥伴完成任務,或是無論事情看起來多微不足道,都能夠耐心與細心的完成每一件事。

最後則是營造或多參與你能被看見的場域,若是不擅長即時表達,就多參與能事先準備的活動類型,例如讀書會,或是參與後續有線上互動的社群,以文字交流時再把握機會表現。

　　所以，別再倒因為果，以為建立人脈就會帶來機會。最重要的，還是要回到自己身上，你努力成為想成為的人，讓自己成為別人值得交往的對象。如此，所有你認為所需要認識的人，都會在你努力的過程中適時地出現。

4.7
挖金憨慢,旦夕挖金實在——
自我低估之王,
普通員工的全面逆襲

價	值

別人做不來、做不好、做不快的事,你能做的又快又好,就是珍貴的價值。

「唉,我就是反應比較慢,實在沒辦法提出更好的企劃。」

「我做事四平八穩,也沒有特別突出,競爭力在哪裡呢?」

「在整個公司裡,我只是個小螺絲釘,有沒有我都沒差。」

不知道你心中是不是也常有這些聲音冒出來,認為自己能力不如人,羨慕許多人反應快,能當場提出好點子,嫌棄自己只能好好執行任務。你開始懷疑自己到底適不適合現在的工作,甚至開始看不起自己的價值。

這些都是你「自己認為」的評價。但是,你是真的能力不好,所以

無法提出極有吸引力的想法？還是每個人擅長的能力本來就不同？你認真做事，把每個執行環節都照顧得很好，讓專案得以順暢進行，難道不正是一種能力的展現嗎？又或許，你只是一個新人——年資很淺，或是剛踏入某個領域——所以很多事情還在熟悉中。在否定自己之前，試著先拆解這些自我質疑的聲音，進一步地找到自我肯定的可能。

看輕自己的同時，也限制了更好的可能

首先，不要預設自己是「爛」的。

許多人會低估自己，大多是自認為能力薄弱，而產生了隱性焦慮。但是，你可能忽略了一點——人的能力是可以成長的。「能力好」其實受到很多因素影響，其中一個是心態。

「改變行為之前，要先改變想法」。如果你很常否定自己的努力，你就會被困在恐懼中，害怕尋找突破的方法，限制了自己的可能性。你現在最需要做的，就是在一個新工作分配下來時，試著不要先否定自己，把害怕的情緒關掉，用平靜的心情開始嘗試解決工作。

如果還是會害怕，不妨在執行工作時，參考前輩的做法。以企劃工作來說，你可以先擬定一份自己的版本，當前輩提出一份更具吸引力的企劃時，這時可以仔細比較，並且拆解前輩常用的書寫結構。甚至，可以直接請教前輩，討論這份企劃案的構想從何而來、考量的因素有哪些、彼此落差在哪、應該從哪裡補足等等。

藉著比較作品以及前輩的反饋，拆解他們在過程中所做的努力，以及如何調整心態，從而思考自己可以怎麼做，把這次的經驗轉化成自己的養分。不要預設自己是「爛」的，而是肯定自己的努力及嘗試。

時間會告訴我們答案

當有了「勇於嘗試」的心態，還需要具備「時間觀念」。

能力的強弱，可能與自身的理解能力有關，但也可能是經驗的累積不足，或是在該領域待的時間長短。很多時候，我們只是起步比別人晚，並不需要一開始就低估，甚至否定自己。

很多事情需要時間慢慢累積，在短期是看不到成果的。你可以試著把對手、前輩，或是該領域頂尖人物，當作一種目標，或者教材。慢慢地做一個禮拜、一個月，告訴自己「現在可能還不會有什麼結果，但沒關係」。慢慢累積經驗，做到三個月、半年、一年，或甚至更久。不斷地反覆學習，當作是一種修煉。例如，近年爆紅的 Podcast《百靈果 NEWS》嘗試過拍影片、做直播、街訪，在前五年幾乎沒有人注意過他們，卻在 2020 年一口氣成為 Podcast 界教主。

以實際行動來化解「己不如人」的自卑想法，從實際行動的回饋來判斷自己的優劣，獲得肯定就持續優化，若是失敗也不用氣餒，找到可以改進的地方繼續學習，而不是看著別人而評斷自己，建立屬於自己的經驗，慢慢瞭解自己該怎麼做——你會在行動中看到自己其實不差。同時，你會找到屬於自己的切入點。當自己有了成長，有了成就感，就能成就自己，同時也成就團隊。

Part 05

團隊建議與
會議技巧

5.1
在團隊中想說而不說的，
全部都會成真

小組織的編制流動較快，必須深入了解傷感情的穀倉效應。

時代演進，整體社會的產業結構從勞力密集漸漸轉向知識密集。過往的工廠生產線，講求的是全員節奏配合、動作一致，以達到最高的生產效率。隨著現代資訊爆發，各行各業中的專業也越分越細，甚至在新創產業中，在營運企業的同時也要精簡人力，團隊成員擁有重複的技能都算浪費。

隨著企業體越見龐大，為應付更複雜的組織管理，出現了幾個耳熟能詳的理論，解決問題的同時也產生更多問題。例如明定權責、分層控管的科層理論，將複雜的團隊目標做精密分工的同時，卻出現效率低落與偏離目標的問題，「依法行政」甚至也被用為不知變通與推卸責任的代名詞。

隨後，扁平化的概念也被提出，降低組織分層，避免訊息上下傳遞的失真，效率也大大提升。但人的注意力有限，主管負責的下屬變多，能為每位下屬做的決策指導也相對變少，這意味著需要透過授權，將更多責任下放給中下層成員。至此，面對時代與產業結構的演變，我們必須不斷解決新出現問題。

過度分工使團隊解體，
無形中增添溝通成本

在專業分工與決策授權的過程中，「穀倉效應」[5] 被提出了，其概念指出，過度的分工與授權，使公司的各個部門如同大農場中一座座的穀倉，各穀倉內有完整的獨立運作體系，但穀倉間卻沒有半點交流，使得整座農場管理資訊相當封閉。回到工作環境上，制度與人為因素皆是造成資訊交流困難的原因。

在專業分工的情況下，你無法得知其他部門的資訊，甚至問了也聽不懂，即便聽懂了，也不一定能獲得什麼效益。而在各部門都被賦予大部分決策管理權的同時，與其他部門交流並給出建議，在個性內向謙卑的華人社會中，甚至可能會被認為是失禮的事。

除去制度上的因素，人時常會在各種場域中尋找挑戰目標或競爭對手，理想的情況是，各部門皆為了公司的獲益與成長一同努力。但在視野不夠寬廣的情況下，某些人甚至會以自己的部門為主體，導致部門間開始競爭，只在乎自身部門的成敗，而忽略整間公司的盈虧。部門間的支援？早就已經拋在腦後了。

最後，得出一個簡單的結論：「與其他部門交流，各方面來說都沒什麼幫助。」

---

5 穀倉效應於 2015 年，由英國《金融時報》（Financial Times）的專欄作家吉蓮・邰蒂（Gillian Tett）所提出。

小心，穀倉效應就在你身邊

別以為上述的案例是某部奇幻小說的內容，這樣的情況正出現在你我生活中，廣義來說，只要你有過「應該不會發生吧」、「不說也不會怎樣啦」、「肯定沒什麼幫助啦」等念頭，你大概就已經落入穀倉的困境了。

而這樣的案例，最常出現在政府部門間的配合，各部會專注於各自的業務，忽略其他部門的政策方針會造成的影響。在美國911事件發生以前，其實已有部分單位發現恐攻的跡象，但其關聯微小，也不曉得該向誰回報，甚至認為已經有相關部門在處理，應該沒有自己的事，於是錯過通報預防的時機，造成莫大的遺憾。

國內則以高雄氣爆案為例，各家民間公司各自埋下所需的管線，包含水線、電力系統、輸油管、天然氣等不同管線，而政府各部門卻無法完全掌握，並統一彙整出完整的配線圖，導致救難人員在第一時間誤判，陷入危機。

打破穀倉，團隊合作從資訊交流開始

想打破穀倉效應，最簡單的方法就是：主動關心你的同事在做些什麼。或許是同部門、不同業務的同事，也可以是公司中的其他部門，主動去關心你日常生活外的其他人事物，就能拓展你原本狹隘的目光。以公司制度而言，不同部門的員工輪調、定期的跨部門公務交流，都能讓大家跳脫原本的「穀倉」，從不同的觀點得到更多思考上的刺激。

在認識其他部門的過程中，也要隨時思考：「他們做的這件事，可能會在什麼地方，影響到自己負責的任務。」或者，更敏銳一點的向對方提問：「最近有什麼不尋常的變化嗎？」也許就能在危害發生之前，預先找到根治的方法。也可以主動向團隊提及：「我最近發現一個×××的狀況，不曉得會不會影響下一檔專案的進行？」提出你的觀察與擔憂，請資深夥伴來評估與回饋，便能早一步掌握風險的變化！

要有良好的團隊合作，資訊交流是不可或缺的，但在業務繁雜的工作中，該釋出哪些資訊、該如何精確表達、該以什麼樣的形式交流，都是提升團隊效能的關鍵。不怕杞人憂天，就怕知情不報，從今天起，為了團隊，勇敢提出最有助益的資訊吧！

5.2
沒有人會拼盡全力，
做自己不相信會成功的事

團隊與會議一樣，一個人做不到的事，你得說服更多人一起加入。

　　從學生時期開始算起，課堂報告或社團活動，直到出了社會，大大小小的工作會報，在你生命中開過的會，或許有數百或數千場。現在請你回想，其中有沒有幾場會議，是你真心覺得毫無意義的？或者你在會議結束後曾產生「我沒出席好像也沒差」的想法？

　　筆者在許多場次的會議技術培訓中，都曾問過這個問題，不用等聽眾開口回答，光看大家略帶尷尬的笑容，就知道答案是肯定的。無論是召開會議或帶領組織，只要團隊中的成員，對此刻的任務有「覺得浪費時間」的想法，在執行上的專注力與效能，必定會大打折扣。下列分享筆者觀察的一個案例，會議的重要前置任務：說服他人開會意義的「心態建立」。

　　Sam 是我大學時期一位好友，畢業後就直接進入公司，雖然晉升快速，但偶爾也會在工作上碰一鼻子灰，每隔一段時間，我們總會約吃飯、分享彼此搞不定的問題，上一次約吃飯時，他正在為接任主管的困擾煩惱。

Sam 做事積極認真，不到一年便上司的推薦下，從前輩們手中接下重擔，接任部門的主管。Sam 平常在工作上的熱情，也帶動了部門的同事，長官對該部的熱忱與向心力也讚許有佳，Sam 也不想辜負長官與同事們的期待，想對部門作一番革新，期望拿出更好的成績單。

即便在前輩眼中，部員們在經驗與能力上，都是近幾年的高質量，但 Sam 依舊認為，要讓部門煥然一新並非簡單的事，需要更多的努力與更多的準備時間，甚至，在實際開始動手做之前，了解大家的想法，統合意見也是必須的。

天馬行空的提案，讓開會的心漸漸冷卻

Sam 從得知即將上任的那天開始，便開始抓著部員們，盡可能挖出所有時間，與大家進行討論，急著訂定出新一期的年度規劃，早一點有頭緒，便能早一點開始動工，距離上任還有一個多月，但要作出一整年的規劃，時間似乎也不是那麼充足。

Sam 開始積極地聯絡夥伴，下班後約大家一起留下來開會，討論未來部門的經營方向，從大方向的經營方針，到部內文件傳遞的小細節，一整個禮拜，幾乎有空就約，想到什麼就聊什麼，也寫下了許多想法，整個學習的活動規劃，內容看起來已經相當充實。

但問題很快就來了，進入第二週後，新計劃的進度莫名陷入瓶頸，夥伴們有很多想法，但統整不出一個完整的共識，對活動規劃有很多點子，卻不曉得該怎麼開始進行，許多的討論開始變得空泛，理想很好，卻看不見通往理想的道路。

開會的氣氛開始變得低迷，只剩幾個夥伴在提建議，詢問大家意見的時候，得到的回饋大多是「都好」、「沒想法」，出席會議的人數也逐漸變少，下班前總是會有部員來訊，但問了原因卻也沒個答案，甚至有幾位是直接離開辦公室、連聲招呼都不打，Sam 努力想推動會議進程，不知為何卻毫無進展，連團隊士氣都掉到谷底，甚至連帶影響白日的工作氣氛。

那天我提早下班，去 Sam 的公司等他，剛好目睹了會議的過程。會後我們邊用餐邊閒聊，然後照慣例，在上甜點飲料的時候切入正題：「感覺你們開會狀況有點差啊？我不是指部門事務的處理，而是每個人開會的心態。」他皺眉，用眼神表示不解，我接著說：「大家確實提出很多想法，都是很棒的概念，但好像太天馬行空了，感覺提出意見時，沒有人相信這真的做得到。」Sam 陷入短暫的沉思

做夢很美，但沒有人會把心思浪費在夢裡，如果大家一開始就不相信能做到，又怎麼會願意全心投入？更何況每個人都在做各自的夢，看不見彼此夢境的美好，要如何團結一致的讓美夢成真？一旦開始懷疑，一場實踐理想的會議，就成了好高騖遠的做夢大會，要怎麼讓人相信今天的會議不是在浪費時間？

沒有人會拼盡全力，
做自己不相信會成功的事

發現問題的所在之後，Sam 暫停了低效能的每日會議，私底下找每個夥伴聊過，問他們對累積至今的意見有什麼看法，除了理想的預期

效果，更討論實踐上的可能性、執行上有可能會有哪些風險，也承諾他們下次會議前做好準備，帶大家深入討論提案的可行性。

經過一個禮拜的沈澱與準備，大家都提出了自己對於活動的想法，也在會議中針對過往的提案，做出了更接近現實的修正，同時考量到時間、金流等資源的限制，在所有意見中做篩選，留下了三個最重要的專案來執行，至此，部門的年度計劃才終於定案，後續的籌備分工也才因此得以展開。

無論是基層員工還是部門主管，在團隊會議與工作進行的過程中，一定要先釐清自己任務的意義為何。「開會不是做做樣子，提出好提案真的會採納。」、「每次專案整理的檢討回饋，確實會在下次專案被應用。」、「定期研習的講座內容，對第一線工作確實有幫助。」，若你是主管，你必須隨時說服員工們，此刻做的事情絕非毫無意義。若你只是沒有決策權的員工，也應該向主管問清楚，找出對公司發展有益、對社會或自己有價值的關鍵目標，而非隨波逐流，浪費時間跟大家繼續演戲。

做夢很好，
要有明確的路徑才不會失去希望

做夢沒什麼不好，一個團隊若是沒有夢想，成員很容易陷入勞碌迷惘，懷疑自己在這個職位上的意義，每天毫無熱忱的打卡上下班，抱著這樣的心態，要如何能完成工作上每一個需要盡心盡力的細節呢？但若只會做夢，卻不曉得如何讓夢實現，更會使人失去希望，做什麼

都像徒勞無功，漸漸失去動能，直到停擺。

　　做一個充滿希望的夢，並且畫出通往理想的途徑，不只要讓夥伴理解夢想的美好，也要點出執行上的困境與風險，讓夥伴們知道此刻需要大家的每一分心力，同時確信努力不會白費，大家才會願意拼盡全力一起努力。

　　幾個月之後，Sam 再次找我吃飯，跟我分享公司對部門運作的表揚，當然也分享的新的問題困境，那又是另一個故事了。

5.3
沒有人在乎你在乎的事，
除非你也為對方著想！

在會議中，說服他人之前，你自己的想法是什麼一點都不重要，
試著從業主、受眾、團隊的角度提案，才是重點。

許多新鮮人在進入職場時，總是充滿理想與幹勁，創造力與行動力是標準配備，勇於嘗試是最高處事原則，簡報每次都做不同的排版風格，或許會在適應期不斷碰撞，若能在失敗中不斷學習，便能更快熟悉工作內容，適應新的職場環境。

培養新人的成本，是團隊必要的投資。新人紮實成長，成為處事熟練的資深部員，勢必為團隊帶來更大的效益。但培育一定有風險，新人培育有賺有賠，若是在適應期結束後，新人依舊恣意嘗試，在團隊中不斷提出「僅有創意」或「僅有理想」的點子，可能會使團隊的產值下滑，士氣低迷。

或許新人會覺得，應該將自己的特性優勢發揮到極限，努力在會議中提案，也燒盡腦力想出好點子，是自己十分喜歡，心想大家一定也認為有趣，但，卻被主管接連打槍，到了討論時總是直接被跳過，也不明白自己到底錯在哪裡，過往被鼓勵多做嘗試，現在努力發揮卻不得好評。

一個團隊需要新血的加入，才能避免思考或協作上的僵化，但創新並非唯一的需求，有更多工作的運轉，需要樸實無華的穩定運作，不問創意只問效率，你不會隨意更動會計核銷的 SOP，你不會每次都建立新排版的簽到表，更不會只為了自己的習慣或喜好，而修改大多數人共通的檔名格式。

理想固然重要，但必須建立在有效與可行的基礎上，你提出的點子雖然符合理念，但能達到業主要求的目標嗎？目標受眾也同樣被吸引嗎？變動的執行成本團隊能夠負擔嗎？你多喜歡這個點子並不重要，除非能說服他人，理念再好的企業，若是無法生存下去，即使再崇高的價值都無法達成。

堅持理念是大多數成功者的共通點

你可以堅持理念，但不要讓堅持成為你唯一的特點，會議討論的過程，如同搶標提案一樣，目標是說服其他與會成員，理念只是其中一部分，並非全部，想要更有效說服他人，你可以多為「這些人」著想：

▨ **業主**：代表決策或買單的人，無論說服再多人，若是這關沒過就不會有之後的合作了！上司不核准，企劃也就無法通過；客戶不接受，沒有預算是準備做白工嗎？

▨ **受眾**：你有多在乎這份提案不重要，活動參與者能接受才是重點！就算業主贊同充滿創意的建議，若實際執行的效果差，責任還是在自己身上。

▧ **團隊：**受眾開心，業主滿意，搞得執行團隊累死不打緊，天馬行空的企劃做不出來，最後開天窗才要命！

關係人	角色身分	需求
業主	上司或贊助商	成效、收益、價值
受眾	顧客或參與者	體驗、產品、成長
團隊	同事或合夥人	經驗、待遇、榮譽

　　在會議或各種提案場合中，當你想提出新點子，一定會被拿來與舊方案比較。無論你有任何原因或目的，都應該正視在這份方案中，所有受牽連的關係人。這些關係人，會以不同的角色身分出現在你的方案中，這時最該做的事，就是在他們發出質疑前，提前思考過他們的需求。

　　這邊也提醒讀者，上述的關係人、角色身分分類是軟性的，在不同情況下，你需要關注的人可能會有複合身分。例如團隊中的共同創辦人，他可能同時是贊助商與合夥人，在團隊運營的過程中，會同時關注運營經驗的累積與企業的收益。甚至你也必須思考，自己的相對位置為何：在團隊中你是同事，你在意經驗累積與薪資待遇；在部門裡你是上司，管理部員時你注重工作成效。明確掌握彼此的需求，才能提出讓大家都滿意的方案。

沒有人在乎你在乎的事，
除非你也為對方著想

說到底，進入職場畢竟是為人做事，除非有不可替代的專長，否則公司沒有理由要遷就你。脫離會議與提案的場合，這套思考邏輯，也能用在更廣泛的職場溝通中。

▨ 想和客戶提漲價，請說出新方案有何優勢。

▨ 想獲得更高的薪水，請先拿出成績單，證明自己的價值。

▨ 想讓同事接受你的新提案，請先說明多出來的工作量該如何處理。

▨ 想要別人接受你的想法，請先理解對方的需求（或困擾）。

團隊協作的過程，說穿了就是各取所需。你需要休假或成長，公司需要產能和品牌。年度考績很重要，薪資成長很重要，員工福利與進修很重要，準時下班陪家人也很重要，但對公司而言，這些都不重要，除非你能提出一樁有利的「交易」。

無法改變工作量時，想爭取完整的週末假期，先接受平日加班。公司財務吃緊調薪困難，可以接受薪資不漲，但請盡量接下有學習性的任務。想在公司體制下改變現狀，突破規則的條件只能是更多效益，你必須願意付出更多。或許你會問，多做這些事，不吃虧嗎？

不願做出任何犧牲，盲目服從現況、流於平庸，多年以後仍然只會抱怨職場環境不佳，這些時間以來的原地空轉，不是更虧嗎？勇於交易，滿足他人在乎的事，換取自己在乎的事吧！

5.4
連阿嬤做的會議紀錄
都比你做得好

會議之後，紀錄的效用才正式登場，確認結論與推動執行，
你也可以做得比阿嬤好。

　　剛進入職場的時候，負責帶我的人是海哥，他只比我早半年進公司，但對部門裡的事情都非常熟悉，做事很有條理，注意事項講解很詳細，工作環境也介紹的十分清楚，甚至會在下班後，帶著剛到職不久的菜鳥們一起吃飯，主管也說我們幾個新人很幸運，難得遇到這麼會帶新人的前輩。

　　幾個禮拜前，海哥每天早晚都會和我們開會，早上到公司時，先和我們確認當日工作排程，傍晚下班前，也會和我們討論今天的工作狀況，根據每個人的問題，再給予回饋和建議，如果遇到比較複雜的問題，海哥會在散會後繼續研究，或者請教其他同事或長官，隔天早上開會時再補充給我們，如果當天工作內容比較複雜，海哥甚至會利用午餐時間，抱著便當湊過來一起用餐，一面解答我們的問題，有時午休時間結束了，他的便當卻還吃沒幾口。

會議中的困惑，就該在會議中理出脈絡

　　海哥算是我認識的同事中，最愛開會的人之一，但他不一樣的地方

在於，一場會議中，他發問的時間比回答的時間多上不少，總是會帶著紙筆，在會議的過程中不斷抄抄寫寫，若手邊正好沒有紙筆，他甚至會抓著粉筆，也不怕吃壞肚子，就在便當盒的空位處寫了起來。

我看過幾次他的筆記內容，大多是單個名詞或動詞，會有許多圈叉符號，在單詞和圈叉符號之間，則是各種連線或箭頭，老實說，即便我認真跟完一整場會議，也不見得能完全看懂他的筆記。但他總能在會議結束前，看著筆記給我們完整的回饋，有必要的話，甚至會再整理成正常的文字敘述，寄一份電子檔給與會者。

培訓來到第三週，我們開始要跟著其他部員一起開週間會報。避免延誤會議排程，經驗不足的新人，不會被安排報告或提問，僅作觀摩。但也不能完全放鬆地去旁觀會議，新人必須練習製作會議記錄，並在會後的指定時間內，發送會議紀錄給所有與會人。經過日前的培訓，我自告奮勇，接下第一場的會議紀錄，準備做出最完整的會議紀錄，期望能讓同事長官們看見自己的成長。

隨著會議開始，我盡量將所有字句記下，長官致詞的部分幾乎成了逐字稿，但隨著會議進入主軸，各項工作報告與議決事項的討論，我漸漸跟不上龐大的資訊量，甚至連是誰的發言都記不清楚，只能依靠切換議案時的空檔，勉強補上印象中的字句，直到會議後段，大家開始疲倦，對話速度慢下來，討論進入瓶頸時，文字紀錄才又跟上眾人的發表。最後主席指示隔天早上上班前，會議紀錄要寄到大家的信箱裡，會議才終於告了段落，而我則慶幸自己會前有準備錄音筆，才能在會後補強。

一份完善的會議記錄，並非一字不漏就好

這週海哥出差，但該做的檢討回饋依舊不能少，於是相約週末到海哥家蹭飯，海哥跟他的阿嬤一起住，我們才剛進門，便聽到阿嬤熱情的招呼聲，煮了一桌好菜，要我們趕緊上桌用餐。雖然是假日，但由著平日的習慣，我們一拿起碗筷便開始聊公事，海哥說我做的會議紀錄很有問題，雖然完整，但太過冗長，即便是會議的參與者，也無法一眼抓出關鍵的決策或討論點，議決的待辦事項更是需要重新標記才能掌握。

一份好的會議紀錄，絕對不是鉅細靡遺的逐字稿，而是將會議中的口語或反覆描述的內容，用更精確簡潔的文字表現出來，並且以不同主題或意見分類，以條列的方式將結論整理成更好讀懂的排版，並且視情況將眾人所提的正反意見，補充於各項議題的討論中。

除了記錄討論過程，還必須讓人知道「接下來要做什麼」，舉例來說，和阿嬤討論要招待外人回家用餐，無論中間討論了多少內容，我們仍可用簡單的字句記下今日晚餐的需求，「×月×日晚餐、招待同事、共五人、葷素不忌、一人不吃海鮮」，雖非正式的會議紀錄格式，但所需資訊都已經清楚表示，貼在冰箱上更是每天都能提醒買菜的日子。

精簡再精簡，分項條列最清楚

經過海哥的講解後，我試著將會議紀錄精簡化，將各項議案的討論結果分項條列，也將待辦事項註記出檢核時間，經過大翻修，新的版

本截然不同，閱讀時間短，也能清楚回顧會議內容，精準列出工作目標與預期完成時間，使同事皆能有效率的完工，部門績效當然也大幅提升。

隨著工作經驗的累積，我也將會議紀錄的常見要素，整理成下面的表格以供參考，期望職場新手們能透過這幾項要素的檢核，讓會議紀錄成為推動團隊關鍵武器。

	項目	例 1	例 2
會議的結論	論點：統合分歧意見	主打學生市場	主打上班族群
	方案：供討論的做法	針對校園網路社群宣傳	針對公司公關活動
	進度：實際操作時程	一週掌握各校社團後推播	三週時間內跑完各公司
	行動：任務執行內容	以熱門時事發佈宣傳圖文	依各公司性質做產品介紹
會後的提醒	目標：任務預期目標	文章讚數破千	五家公司願意合作
	時限：預計完成時間	一週	三週
	支援：指導顧問資源	行銷組長	業務組長
	檢核：回報工作內容	下次部會做整體回報	每週一報告狀況

5.5
你說你是來開會的，
不要瞎掰好嗎？

避免成為會議中的掛機仔[6]，與作好準備的人開會，
會議效率 Level UP ！

在眾多會議經驗中，偶爾會出現這種狀況：大家非常有熱忱，也
相信透過會議，能集結眾人之力，產出好成果。但當大家聚在一起開
會時，卻因為能力不夠或準備不足，該報告的內容到現場還在查找，
該提的想法現在才緊皺眉頭絞盡腦汁（或假裝絞盡腦汁）思考。會議
是為了集結零散的個人，以發揮眾人之力，但若連個人都無法好好準
備，這場會議也只會是一盤散沙。

誠仔是我的國中同學，第一份工作進的是公司的採購部門，從新進
訓練開始，在前輩的帶領下，跟著過往的流程進行採購，記錄庫存狀
況，還陪同前輩一起拜訪客戶，在每月兩次的部門會議上報告市場變
化等。初期雖有顛簸，但隨著經歷漸漸豐富，誠仔也成為一名可靠的
前輩，由於優秀穩定的表現，誠仔被交付培育新人的任務。

---

6 在多人連線遊戲中，當玩家登入遊戲後卻毫無動作的狀況，通常是人不在電腦前，
　卻將帳號持續掛在網路上，就稱為「掛機」。

誠仔為人和善，任何細節都願意花時間細心指點，在新人眼中就像親切的社團學長一樣，也因此較能放開手腳嘗試，並且願意在第一時間反映問題讓誠仔知道。對大多事情都抱持溫和態度的誠仔，在會議上卻異常執著，新人們往往會在入部兩週後的首次部會，見到誠仔嚴厲的一面。

「前輩說下週要跟其他部門開會，這週我們要先開部內會，討論採購品項的調整，議程和會議目標會先公告，大家各自準備負責調查的項目，當天來討論，有問題提早問。結果會議當天，前輩一開始就問了兩三個問題，結果沒人答的出來啊，會才開五分鐘左右，前輩就直接宣布散會下班，隔天同一時間再開，然後人就走掉了，剩我們幾個新人愣在那邊，下午三點五分，也沒有哪個人敢真的散會，硬是待到下班時間才走。」

間接從誠仔的員工口中聽聞這段故事，其實我並不意外，正是因為誠仔對會議的執著，才讓他能晉身到現在的位置。

「大家都很挫啊，在辦公室裡緊張很久，總覺得不問清楚，隔天前輩一定會再爆炸一次，最後決定在下班前，打個電話跟前輩問個清楚。結果前輩就用平常的語氣回答，說明天不用準備人來就好，結果大家就更挫了，但前輩都這麼說，也沒辦法再多說什麼。」

　　據說隔天開會，誠仔帶了自己新人時期的報告紀錄，紮實的跟新人們整整說教兩個鐘頭：

　　「開會就是用一群人寶貴的時間成本，來換取更多可能的機會。但不是只需要人出現，成果就會自己長出來，而是每個會議的參與者都做足準備，才能激盪出一個人想不到的好點子。

　　所謂的做足準備，就是在會議開始之前，將自己的狀況調整到最好，以便應付會議中的各種狀況。最基本的，先看過會議通知，提早拿到議程的話，請先想想各個議程可能討論的內容。若能力許可，盡量完備自己的意見，若能形成完整提案會很不錯，在會議中備而不用也無妨。除此之外，自己慣用的筆記工具（紙筆或電腦），提神用的咖啡飲品，能讓自己完全投入會議的一切細節，請在會前自己準備好。

　　兩手空空毫無準備，你說你是來開會的，別瞎掰了好嗎？做為會議的一份子，必須了解自己在會議中應有的貢獻，若各位只是來聽前輩做結論，那不如在家打滾等會議紀錄就好了，還是你們覺得自己僅憑一閃的靈光，能在會議中給出有效的建議？要期待這種機率，我不如自己開會就好了。」

　　兩個小時過去，誠仔的說教終於告一段落，準備宣布散會，其中一位機警的新人立刻提問，兩天都沒能開成的部內會，該如何補足進

度？下週部門間會議又該做足哪些準備？據新人所說，誠仔當時的回答令他畢生難忘。

「我已經把資料準備完啦！在每次開會之前，我都有心理準備要面對最糟的狀況。假設除了自己之外，其他人都沒想法，我也會先準備好最後的防線！」

會議能集眾人之力解決問題，但代價就是每個人的時間，越有能力的人，時間成本也越高；但要突破越大的挑戰，越是無法避免會議，會前掌握會議目標、各自做足功課，會中交換關鍵資訊、充分討論，才能使會議更具效能。

後來誠仔跟我抱怨，全力以赴的準備每一場會真的是有點累。開到後來，大家都習慣他會提出好點子，連長官也特別注意他，不僅在部會上密集徵詢他的意見，還要他出席其他部外會議，差點把他累死，覺得公司是不是在壓榨出頭鳥。我不禁笑了笑，勸他再堅持一會，果然沒多久，誠仔便升上高階主管，成為公司的重要幹部，想當然，等著他的更是開不完的高能會議。

在會議開始前，我們應該做足準備，才能有效率地推進會議進度。根據過往的會議經驗，筆者彙整了幾項較常見的基本功課供讀者參考，期望能讓各位的會議更順利。

會議前的準備：

░ 閱讀會議資料，確認議程內容。

░ 準備好負責的報告內容。若情況許可，將內容提前附在會議資料中。

░ 針對各項要討論的提案，都先想過要提出什麼想法。

░ 不要妄想腦袋可以記住全部內容，紙筆電腦等工具請準備好。

░ 為保持會議中思緒清晰，請睡飽一點或事先準備提神飲料。

░ 請提前將其他工作排開，避免自己無法專注在會議中。

5.6
能掌握語言的人，
才能掌控整場會議

引導問題、摘要覆述、確保所有人的發表與理解，才算的上一起開會。

　　排球場上，偶爾會跟陌生人組隊，雖然不好意思說出口，但總是想多扣幾顆殺球。礙於規則束縛，沒有人能連續碰球兩次，也因此需要一個吃力不討好的角色：舉球員。不但自己無法扣球，還得小心翼翼的配球給所有夥伴，以免打了整場，仍有隊員尚未體驗親手得分的快感，反過來抱怨舉球員偏心。

　　會議也是一樣的道理，每個人都想表達意見，但在有限的時間內，必須更公平的分配發話時間。通常由會議主席來擔任賦予發話權的角色，此時的主席就像舉球員一般，在成員們爭相要球的情況，至少要做到讓眾人平均發話，才不會使部分成員失去表達的意願，在會議中噤聲。

全員防守，主力突破

　　球賽並非場場順利，遇到實力堅強的對手，若還是平均配球給所有夥伴，不只會白費力氣，甚至可能丟失大把分數。在此情況下，應該將進攻機會投資在主力球員身上，而其餘成員只要盡力做到不失分，

保留氣力作掩護與支援，才能在逆境中爭取獲勝機會。

如同球賽一樣，會議偶爾會陷入瓶頸，出現常人難解的問題。此時則可依照會議成員的經歷與能力，讓較資深的成員多提意見，並要求其餘成員以該意見為基礎，做各面向的評論與回饋。

透過全員的努力與合作，將現有的意見優化，即便點子不多，也能穩妥地獲得好結果。

輪轉調度，聽我號令

無論球員實力再堅強，也難憑一人之力連連取勝。若是將成敗都只押在一人身上，可能會因為壓力或負擔過重，導致好手失常，更會因此使其他成員感覺「勝敗與我無關」，一但有人鬆懈，球隊將會破綻百出。

因此，作為好的指揮官或會議主席，應時時觀察所有成員的狀況，確保所有人注意力在線，沒有誰因為過度被期待或不被期待，導致表現失常，甚至思緒脫離會議。如同排球的前後排輪轉，可以分配成員負責不同議程，在各個提案上輪流擔任主力。

資訊交流，戰術應變

球賽並非只有單純進攻，也需要精密的戰術配合，舉球、伴攻、主攻、掩護，在一套戰術中，每個人都有負責的任務，全隊互相配合才能發揮最大戰力。隨著比賽的推進，球場的變化也越來越複雜，在場

上能交流越多資訊，就能使用更適合的戰術，提高獲勝的機會。

語言不是單純的開口說話！

　　雖有既定的會議規則，但會議中總有難以預測的變數，若是堅持依循規則行事，可能會使會議流於形式，無法得出好結果。上述的方法，雖然能更有效的表達意見，但若說出來的內容，其他人無法理解，那就像使用不同語言的人在對話一樣，根本無法達成實質交流。因此，作為會議主席應視情況應變，盡可能做到下面四件事：

1. 確認核心問題： 在會議開始前，確認本次會議的目標。

2. 所有資訊皆被理解：宣布本次會議目標，並在所有成員表達意見時，以自己的理解覆述一次，確保所有成員的理解一致，沒有誤解任何資訊。

3. 所有意見皆被提出：適時對特定成員提問，協助表達對議題的看法，確保所有成員皆已表達完畢，沒有人的意見被忽略。

4. 得出共識：充分討論後做出結論，並檢查是否達成會議目標。

透過上述四個動作，盡可能使所有人在會議中有所貢獻，大家才能算得上「一起開會」。

如同球場變化萬千，會議中的資訊量也極為龐大，若你想提升自己的會議能力，請試著練習「理解資訊」與「轉述他人」。在任何會議或日常生活中，聽到其他人提出的意見或觀點，你可以在心裡默默思考，「就我的理解，這句話是什麼意思呢？我自己又會怎麼跟其他人解釋？」即便在會議中或閒聊的當下，你無法瞬間得出結論，也應該在事後重新演練，試著開口講一次，隨著意見接收與表達越來越熟練，你將成為會議中的「翻譯」，使會議效率大大提升。

5.7
互相理解，
你與我終於成為我們

每個成員都是「個人」，必須透過溝通理解，雖然磨合在所難免，
但終究能形成各自的團隊文化，一群「個人」才能成為「團隊」。

　　創業初期，與你打拼合作的夥伴，或許都是熟悉的前同事或親朋好友，在理念整合或意見交流上，並不會花去太多的心力。隨著公司規模不斷成長，招收的人才越來越多，彼此的背景文化不同，也會有更多你不理解的個人習慣與想法。這些細微的文化差異，會在團隊前進的過程中，造成摩擦與阻力。為了更有效的弭平差異帶來的阻礙，筆者在此以三則故事，介紹建立良好團隊文化的三個關鍵。

故事 1　森林大會

　　從前從前，有一座森林裡住著許多動物，因上一代領導者即將退休，牠們想要選出新任領導者，決定召開一場森林大會。透過貓頭鷹們將會議通知傳遍了森林的每個角落，與動物們約好七天之後的日落時刻，在大神木樹下召開會議。

　　當天，隨著夕陽漸斜，老鼠和兔子到了，麋鹿和山羊到了，樹懶和麻雀也到了，直到最後，長頸鹿才姍姍來遲。

兔子生氣的說：「不是約好了開會時間嗎？」

長頸鹿不甘示弱：「矮子，我還看得到太陽呢。」

故事 2 　升旗典禮

學生時期的時候，我最討厭升旗典禮了。

台上宣布注意事項，幾分鐘聽聽也就過去了，最怕遇到健談的長官，話匣子打開就停不下來。冬天不打緊，夏天多曬兩分鐘都會令人頭昏眼花。

高中校長就是屬於文思泉湧的那一型，別人的致詞有起承轉合，他卻是起承轉承轉承轉……，每當看似即將做結，馬上能從一個連結點，展開新的論述。

同學們試過分析他的宣布內容，時長最長一次，在他說完「最後一點」之後，整整又衍生出了五點補充。但印象最深的一次升旗，是達到九承九轉的紀錄。

那天，第一排的同學苦撐不果，中暑昏倒在台前，校長一驚便草草做結下台，從此收斂作文能力，不再長篇大論，一時蔚為佳談。

故事 3 　鬼打牆

民間傳說中，有一項靈異事件叫「鬼打牆」，時常發生在夜半的曠野或墳場，有人朝著固定方向走，卻不斷經過同樣的地方，原地打轉，彷彿像被鬼魅捉弄，困在原地。

直到今日，即便有GPS定位系統，走在山路上也常因為景色相似，產生既視感，進而懷疑自己是否原地打轉。因山間訊號不佳，此時一旦定位失靈，更容易使駕駛驚慌，對鬼打牆的傳說深信不疑，更不容易從山中脫困。

然而，在現今醫學實驗中，普遍認為鬼打牆的現象，是因為人體構造中的左右差異，造成感官出現盲點，誤以為自己仍在正確的方向上。上面三則風格迥異的故事，正是在團隊協作中，最常出現的三種問題：

▨ 團隊成員認知不同。

▨ 無法覺察自身與伙伴的狀況。

▨ 反覆糾結相同的問題。

正因為團隊成員來自四面八方，必須先建立「團隊文化」，包含「共通語言」、「遊戲規則」、「決策指標」三大部分。

共通語言

剛跟同事合作時，對於彼此的做事習慣總是不太適應。明明同事說文件會在晚上交出來，但過了午夜12點卻還沒收到回信；又說下午交接班時會晚點到，結果他的「晚點到」就是半小時；同事說要負責整理資料，竟然只是把文件內容複製貼進同個檔案，連簡報都是文字滿版毫無刪修。

為了避免在溝通上造成混淆，這時，需要建立對字詞的明確定義，

舉例如下：

▨ **晚上完成：**「晚上」之詞過於籠統，請務必提出完整時間，例如是晚間23:59前交件，若是真的完成不了，必須先發訊息另約時間，以避免同事乾等。

▨ **遲到：**須約定好如「僅限10分鐘內」的時限，假設超過時間請儘早告假，讓接應者方便應對。

▨ **彙整：**表示完成至可上呈的正式版本，而非待修改的未完成品。

▨ **可行：**表示該案可以直接用。

▨ **待修：**表示企劃需要再更完整。

▨ **當天繳交：**請註明是上班前還是下班前繳交，避免時程誤解。

因此，從第一則故事中，理解長頸鹿與兔子對於時間的差異後，大家決定以大神木的影子長度作基準，碰到一旁山壁時則為客觀的日落時刻，作為下次會議時間的參考。

遊戲規則

不僅工作上產生困擾，許多意外也常使得會議無法順利進行。要討論新企劃時，每個人都說沒想法，等到要投票時卻又冒出許多意見。徵詢在座大家的意見時，有人還沒想清楚就發言，但不見話語的盡頭又毫無重點，其他人有話卻不曉得從何切入。又或是要討論重大議題，卻在人少的時候硬要表決。

為了解決上述衝突，團隊需要訂定遊戲規則，不僅可以節省時間精力，也能更精準的達成目標。

若是開發想會議時，在會前必須請與會人準備一個提案；為了使全員都能交流意見，每人每次發言限定兩分鐘。若要通過重大決策時，同意票需超過全員人數的一半。若會議陷入僵持或瓶頸的拉鋸戰時，則須中場休息五分鐘。

在第二則故事中，為了避免朝會再有學生昏倒，學校也訂定了升旗典禮的相關規定，上台報告須先登記排程，也對報告時間做了限制，超時則麥克風會自動靜音，若有未盡事宜則以其他管道再次佈達。

決策指標

我認為 W 案很棒，別人覺得 X 案更好，彼此無法說服對方，卻又無法放棄己見。我認為 W 的預算掌握狀況良好，能取得更多利潤，他認為 X 可以為品牌打響名聲，後續效益更廣，討論結果出爐，決定採用 X 案。

但會議結束後，經過一晚的沈澱思考，又有人提出了 Y 案，兼具利潤與品牌，但需要投入部門大半人力，可能被迫放棄其他企劃。經過思考的刺激，Z 案隨後被提出，可以在人力最精簡的狀態下，維持一定成效，但利潤遠低於 W 案。

經過馬拉松式的討論，最後決定採用 W 案，然而，此時 Y 案的提案者又有點想法……。

前一天做出的決策，可能會因為新的條件或點子，再次進入討論。但更常見到的情況，往往是一樣的提案，彼此之間做螺旋式的比較，

A > B > C > D > A > B…陷入迴圈，我們稱為「決策上的鬼打牆」。

為了因應「鬼打牆」的困境，公司或部門應及早訂出決策指標，讓全員理解在複合條件下，應該優先注重哪些面向，以避免雞同鴨講、毫無交集的爭論。在會議中也應清楚記錄，一樣的問題就不要浪費時間重複討論了。

若企業正處於創業初期，為了打入市場，品牌宣傳的考量順位可能會優於利潤。當公司接案來源穩定、在盈餘穩定的情況下，則應該減低案量，專注接洽高質量的案子。又或者出於理念，公司更注重價值觀的契合，能力所及，自掏腰包在所不惜。

如果想要避免第三則故事的鬼打牆的情況，許多野外求生的好手，研究出一個簡單的定位方法。在行經的路徑上，每隔幾公尺便做一個顯眼的標記，透過三點一線的幾何性質，便能檢視自己是否在正確的道路上。確認方向後，避免重複走冤枉路，便能更安全快速地抵達目的地。

從個人到團隊

找出共通語言，使日常的表達精準、理解無誤。建立遊戲規則，形成協作默契，降低人為失誤。統一決策指標，理解團隊營運方針，共識前行。團隊成員皆來自不同地方，每個成員都是「個人」，必須透過溝通來互相理解。磨合的苦難在所難免，但終究能形成共有的團隊文化，一群「個人」才能成為「團隊」。

5.8
學習領導？
先學會被領導！

領導有什麼原則，那就是隨著時代與人心變化，
沒有一招能永遠打天下的。

　　在人才管理與經營上，多半的人都明白「帶人要帶心」的這個道理，現代企業中也不乏有設計 1 對 1 制度、或是鼓勵主管與員工增進感情的獎勵機制，為的就是要拉近員工與主管的心，從而讓員工更願意為公司付出。但在這些技巧與架構下，仍有許多叫不動的部屬、或是發生不明所以的離職、或是常見的說不上的尷尬。好似公司不論怎麼做，結局仍然無法掌控，管理問題最後還是會發生。

　　難道是主管或老闆不夠努力嗎？我相信不是的，近年來的溝通、領導、以及培訓等書籍與課程銷售空前一絕，這象徵著第一線人員已經意識到這個問題，於是想投入時間與資源來解決。

　　現代管理顯學談的多半是「如何培養出現代企業領導人」，在這個領導者的黃金圈中，「How to do」與「What to do」已經被大量研究與傳授，但「Why to do」的討論與驗證卻較少被提到，或許我們根本不該培養「領導者」而是應培養「被領導者」？答案很明顯是YES。

　　之前的領導學，強調需塑造起一種每個人都該追求領導地位的認

知，但，以目前的企業模式、80後的青年世代，對於大一統的競爭或是被灌輸的觀念多半抱持著一點懷疑，或心中已有其他選項。就像現在的分組報告，應該是同組人員要偕同幫忙，但還是有人低頭滑手機連結外面的世界，就算組長或領導者再怎麼強大有魅力也沒用，這也是許多企業內指揮鏈結構的問題。

從被領導者的角度出發

現代問題需要現代手段，過去的領導學強調的是建構領導人的特質、魅力、能力，以「培養出領導者」為核心。但在筆者多年的企業諮商與人資經驗中，並透過前輩的指引，歸納出當代企業在領導溝通上，需要強調的是能力、意願、情感，以「關心被領導者發展」為目的。強化被領導者的主觀情感、建構自我實踐的意願、以及相應職能所需的能力。這個方案適用於重視人才的現代企業，如果你是純傳統的代工廠，人心對你來說並非是重要資產的話，則可以直接考慮跳過本章。

怎麼成為領導者的4個步驟

🚶 步驟1 工作意願的自我價值

在帶領人執行工作之前，主管需要先建立起自己跟工作本身的價值連結，因此，該主管必須先自問這三個問題：

▧ 在工作上，我最信任的理念是什麼，而我一直這麼做？
▧ 雖然有工作經驗，但我在領導上遇到的問題是什麼？

▧ 對於影響力，我希望能多討論哪些議題？

　　舉例來說，海底撈的主管為了讓顧客與海底撈建立「連結以及熟悉感」，因此，放權讓第一線店員可以提供折扣、小禮物，透過這些行為來獲得顧客的認同後，將成就感反饋回第一線店員身上。而主管又能達到營業目的。

　　這時，管理人員的回答會是：

Q：在工作上，我最信任的理念是什麼，而我一直這麼做？
A：我覺得客人在這間餐廳不只是用餐，而是與我們交朋友的過程。
Q：雖然有工作經驗，但我在領導上遇到的問題是什麼？
A：剛推行店員可給折扣制度時，畢竟這件事情沒有做過，不知道該怎麼讓第一線店員去執行。
Q：對於影響力，我希望能多討論哪些議題？
A：我（主管）自身很希望員工能在店裡願意付出，因此，想辦法把客人從常見的奧客，變成來這裡是交朋友的。

　　透過這些確認價值觀的問題，建立起由內而生的工作動力，讓被領導者在工作過程中除了得到薪水，更是與團隊一起完成一個小小信念，這個就在現代領導中建立工作意願的第一步。

步驟2 信任感建立

　　信任感是能否為工作付出的根源，若不信任工作環境，就不會有人想要一開始就全力以赴。然而，管理人員在建立信任感上的卡關，往往並非是做得不夠，而是做得太多。公開營收目標、透明人事制度、

下班後聯誼，這些都是經營基本盤。這些約莫佔了25%~30% 的信任感影響力。但問題來了，那剩下的70%~75% 呢？答案是工作日常溝通，也就是那些本來就有或不可避免的場景，作為管理人員的用字、姿態、散發出的情緒與價值觀等，終究才是影響信任感的大宗。

在日常工作領域中有非常多的細節技巧，若要一次講完那根本是一本書的份量，因此，在此先分享一個相對容易成功的技巧：被動式溝通優先。

被動式溝通是指不要過度積極主動去關心工作進度、分配狀況，甚至是一樣的工作反覆報告，這個可能違反滿多人在建立信任感的直覺邏輯。一般人都會覺得建立關係都要從「多聊」、「多溝通開始」，但信任本身不只是與對方連結而已，對方也需要感受到自我價值感。試想一個狀況：「做為基層的你，雖然都清楚自己該做什麼工作，且有能力完成，卻還是被主管全部問了一輪」這時的你應該會有一種煩悶、或是不信任感，對吧？

「職位越是高層，越需要使用被動式溝通；越基層，越需要主動向上溝通。」在會議上做成結論後就清晰交代所有工作與提交時間。中間可以偶爾關心但不宜急躁到每天詢問，最後等下屬來報告後再給予回饋與修正意見即可。中間傳達的信息就是「授權與信任」。

在嘗試這個方法的過程中，如果你是個急躁的領導者，就很有可能面臨「急死太監」的窒息感，但請稍稍忍耐，事情會漸漸好轉。畢竟，工作關係的信任感從來都不是在你手上，而是掌握在被領導者的手上。

🚶 步驟3 被領導者分類

在瞭解如何建立信任感後，接下來就是將所有員工做不同的分類，以便一開始就能分配好哪些人給予高度信任、那些人不一定需要被信任。回到一開始所談的現代領導，需要關注的是能力、意願、情感。在此將能力與情感拉出來做為一個矩陣。

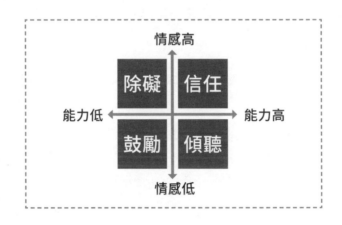

在上述的矩陣中，被領導者可以被分成四大類型：

(1)情感高、能力高： 這種人是被領導者中的極品，願意多為品牌與公司做些什麼，且也有能力去實踐。在愛情上，這就是愛你又讓你能過上幸福生活飽的伴侶。這類型的人通常也帶著自信、甚至有點小自負、最害怕的就是被懷疑，一旦被懷疑了，對公司的情感就會快速的減弱。

▶▶領導對策： 遇到這種人時，就要給予高度的授權與信任，讓對方自己完成事情、自己成長。勇者的道路總是孤獨的，但笑到最後的卻

總是孤獨的勇者。

(2) 情感高、能力低： 這種人就是所謂很愛公司、願意多做多學，但老是做不好。他們時常懷疑自我價值，腦袋通常不會反應太快，就是不會跟你計較多做了什麼工作（只要別太誇張）。

▶▶ **領導對策：** 與他們的相處策略重心在於，協助他們排除障礙，重建自信與學習的動力。就像是《航海王》裡的喬巴，原本是高度自我懷疑，但因為魯夫的出現，協助他排除了一些困難後，讓他得以踏上理想的旅程，慢慢找到自我價值而變強。

(3) 情感低、能力高： 這種人在公司找不到自己的價值，過去有不錯的能力與經歷，但現在卻有點不快樂。他們的特質就是有被明確指派的事情做很快，但從來不會主動多想還能做什麼來讓事情更好。若你要對他說教，那肯定是左耳進右耳出，言談之中也會透露出一種不會在公司久待的氣息。

▶▶ **領導對策：** 沒有人開局就生無可戀，每個人都有過工作信念，可能是發生了什麼事，才會失去意願。在這裡，需要的不是無止盡的教育訓練，反而是傾聽，聽聽他的故事，然後再調整工作內容。讓他感受到公司是願意重視他的，才有可能提高他的工作意願。

(4) 情感低、能力低： 如果公司人力與面試資源充足，強烈建議在面試階段先刷掉這類型的人，因為改變的成本過大。他們通常不會積極做事、成果也多半不及格。若這個人已經來到面前，你想要嘗試改善他，可以試著先從情感下手，將他提升至「情感高、能力低」的狀

態，先排除他不喜歡的工作，而是交派給他沒那麼討厭或不排斥的任務，慢慢提高他的工作意願，未來再設法培養能力。

▶▶**領導對策：**就像是在教導孩童的方式，總是要先給予鼓勵，再來談能力。設法先提供一些簡單任務，完成後讓他獲得鼓掌與獎勵，重建起人生從未知曉的情感與意願。

🧍 步驟4 教育各種被領導者方式

完成上述步驟3的四大分類後，接下來，該如何針對這四種不同群集的人給予個別的工作溝通模式。

(1)**情感高、能力高：**遇見這種人時，其實不用太擔心，在此要提供的是個別教育訓練、或是越級打怪的課程挑戰。類似於台積電教育訓練中心的存在，只要給予明確的學習地圖與升遷機制，那玩家就會自然而然地找到規則、盡力遊玩。

(2)情感高、能力低：針對這類型的人，安排過多的教育訓練不一定有用，在能力與經驗尚且不足的狀況下，上課只會低頭猛抄筆記，而應用卻只能一知半解。假如問他想法時，很難拼湊出一個完整計畫，千萬不要誤以為他毫無想法，他只是缺乏執行經驗。

最好的方法是，請讓他跟著一個能力強大的主管或老闆，先別在意他有沒有腦，而是直接讓他學習模仿，快速累積獨立思考的工作經驗，這才是最快的學習方式。

(3)情感低、能力高：這種人需要的不是更多的教育與能力，而是要換個位子或換個工作。由領導者來與他深聊，聊未來的想法；或想走的跑道。接著，再提出公司與團隊能夠提供什麼樣的資源，可以跟他相輔相成。

(4)情感低、能力低：只有一個首要目標，就是重新燃燒「他們的動機」。確認他們為何而來，目的又是什麼？給予教育訓練或模仿都太早，就像對待大一新生一樣，先將他們放進不分系，與一群相似的人共同組成團隊，重新探索或嘗試一些風險低的專案，使得他們在過程中慢慢確認自己的工作動機。

領導從來都不是一種心靈雞湯或信仰，而是一個洞察需求的底層邏輯。隨著不同時代所培養出的人，自然就會有不同的領導方式。上面所討論的領導方式適用於80後與90後的青年，到了下一個世代或許又有新的方式。若真要說領導有什麼原則，那就是隨著時代與人心變化，沒有一招能永遠打天下的。

Part 06

解決問題才是
你的價值所在

6.1
沒有醬汁？你的成果我根本不想吃！
——沒有目的的行動，根本就沒有檢視的必要

　　小時候看的卡通，好像永不退燒一樣，就像是《中華一番》的經典畫面依舊在網路火紅。其中，有一個著名橋段，是蒙面廚師李嚴以眾人的性命要脅小當家，硬要決鬥的「龍蝦三爭霸」。在決鬥的緊張時刻，廚師李嚴向小當家嗆聲，自己的龍蝦料理如何驚人。尤其醬汁更是一絕，這樣的炸蝦肯定比得過小當家所做的料理。

　　但畫面中，李嚴的桌上根本沒出現醬汁。很多人耳邊已經響起小當家的名句：「所以我說，那個醬汁呢？」此時，李嚴開始找藉口開脫，什麼醬汁有很多程序啊，味道有多好啊，雖然還沒做出醬汁，但是……。

　　「**沒有完成的料理，根本沒有試吃的必要！**」小當家馬上狠狠吐槽著。

　　以前筆者一邊看《中華一番》，一邊跟大家一起嘲笑李嚴，直到參與專案競賽評審，也擔任過企劃諮詢工作，看見許多熱情洋溢的的工作者，都敗在「沒醬汁」這個簡單的致命傷上。

三個小故事，測試你的「醬汁力」

小陳是剛進文創公司的新員工，在這之前，他只有學校打工經驗。由於一切都生疏，行政、文案、產品開發樣樣都得學，但才到職一個月，小陳心中就已滿腹抱怨，覺得自己天天被針對，怎麼努力都得不到認同，到底怎麼了呢？

故事一： 公司推出新產品，主管向小陳說明完產品特色後，請他撰寫文案，希望能在下班前收到並討論。這對小陳並不困難，一整個下午搖頭擺腦，就完成了華麗文案。
結果：文案被退，請小陳回去重寫。

故事二： 公司準備研究某項產品，作為下一階段的新商品開發方案。老闆請小陳諮詢領域顧問，小陳沒想太多就打電話給領域顧問，開頭就問：「我們公司想生產某某產品，有什麼建議嗎？」
結果：對方請公司老闆接電話。

故事三： 公司跨部門會議，請小陳製作會議紀錄。為了求表現，小陳現場錄音，認真手寫，會後開始拚命打字，完稿後也傳給每一位參與者校正，確認無誤之後，再傳給所有會議參與者。
結果：主管說辛苦了，但紀錄不是這樣做的。

小陳到底在這三段故事做錯了什麼呢？才會導致他對於新工作的興致缺缺，如果你還沒想到，是否也不小心做出了「沒醬汁」的事情呢？

製作醬汁不難，找回目的而已

其實這三個故事，都在展示同一個問題：**做事之前，目的到底是什麼？**

在故事一中，小陳沒問為什麼要做新產品，是為了開拓新市場？還是舊客戶回頭訂製？是瞄準大眾市場？還是有預期受眾？想要打品牌知名度？還是想要衝首波銷售量？產品的目的不同，文案的寫法也會截然不同，是幽默有趣？讓網路社群覺得品牌可親；或是展現專業？讓讀者覺得產品可信任；還是用溫暖筆法？讓老客戶覺得被照顧。

在故事二中，對方雖然是專業顧問，但小陳還是要做好自己的功課，若是將問題原封不動地拋給顧問，連公司自身的需求都沒先確認，就直接請對方提供建議。對方是專業人士，發現和小陳談話不會有進展，只好請老闆接電話，直接解決問題。

打電話詢問顧問之前，應該先弄清楚新產品為何而開發。在正確的理解之下，找尋有相同目標的市場競品，作為參考標準。接著，將這些競品的優劣各自分析之後，再打電話給顧問，說明自家公司的新目標，以及自己目前的分析與心得，再請對方指教，才不致浪費雙方時間，甚至破壞信任關係。

在故事三中，一樣回到「目的」，這次的會議紀錄只是每日會議紀錄，會後就該印出來讓大家簽名，錄音只是建檔所需，而不是要求記錄者打出詳實的逐字稿。

在會議前，小陳該先確認為什麼要做會議紀錄。是為了備忘？為了建檔？還是為了逐字逐句回顧？要求品質？還是速度更為重要？甚至可以大膽假設，會不會這些都不重要，只是老闆想看看你的記錄方式，以及隨後的觀點與思維？

這都有可能，但我們不必瞎猜，唯一的答案很簡單：「**在收到任務的當下，你能不能簡明地問出真實需求。**」知道需求仍可能會失敗，但不問清需求就行動，幾乎難以成功。

問題意識 —— 先問「為什麼？」

以上這些錯誤的核心，都是「沒有搞清楚目的」。換成比較專業的術語，就是沒有「**問題意識**」。收到任務後，請別馬上動手，先在心裡默念三聲：「為什麼？」「為什麼？」「為什麼？」

這件事為什麼要做？是**為了得到什麼好處**，或是**為了解決什麼難題嗎**？每個行動或任務，都應該有一個原本想達到的目的。如果沒有找出這個目的就開始工作，最後端上桌的，十之八九會是沒有醬汁的龍蝦，**空有努力的架式，沒有關鍵的成果**。

在劇情中，李嚴是因為來不及做醬汁，所以才沒有整套端上桌。在職場上，一開始就沒想過要做醬汁的你，把龍蝦雕花擺盤、裹粉油炸端上桌，老闆還沒動筷子，就先皺起眉頭。隨著《中華一番》不斷重播，小當家也繼續幫我們複習：「**沒有目的的行動，根本就沒有檢視的必要！**」

如果炸龍蝦（解決問題）是你的職場硬實力，那就好好鍛鍊「**找目的**」這個軟技能吧。期盼下一次接到任務時，也能精確俐落地拿出關鍵醬汁！

6.2
改善十個小錯誤，遠比做一件大事來得重要──
看起來不糟,才有人想看見你的好

這些年來,筆者在各地舉辦的共識工作坊,常會挑選一些主題,比如:「如何建立優質團隊」、「如何提高會議效率」、「如何增加行銷曝光」等等,給予大家一段時間構思,看是否有可以達成目標的好點子。在這個階段,大家想出來的點子,多半乏善可陳,那麼該怎麼做呢?

想進步卻不得其法,
要不要試試看「刻意搞砸」?

於是,我們請大家將原本的目標「搞砸」,將這些「壞」點子寫下來:

「完全沒共識,強者走光光,廢物留下來,!」
「讓會議失能,浪費所有人的時間,什麼結論都沒有!」
「買很多廣告還沒人知道我們,或在社群弄出一大堆負評!」

不論是哪個族群,想建設型點子時都面有難色、勉強萬分;讓大家「刻意搞砸」時,卻又熱情奔放、舉一反三,每個人都像是「搞砸」

的百科全書。究竟是為什麼？會有這麼顯著的差異呢？

著名的心理學實驗，曾經測量人們對於等量的「好事」及「壞事」，在心上產生的份量是否相等，並個別用一到十分計算，比如：「路邊撿到一張一百塊」跟「一百塊錢掉進水溝撿不回來」。實驗結果一面倒，人們對於「壞事」的痛苦分數，遠比「好事」的快樂分數高。

如果我們想不起來怎麼把事做好，**或許可以想想怎麼把事搞砸**。畢竟，人類的大腦演化至今，對壞事的印象還是太深啦！

壞的工作習慣，正讓你變黑變臭

在此提供幾段情境，試著找看看錯誤在哪裡。

▨ **案例1：**S準時上班，**從不遲到早退，早餐在通勤的路上就會先吃完。**九點半公司例會之前，他會相當規律地先跑廁所半小時，接著跟上大家一起開會，時間抓得相當精確。

▨ **案例2：**O愛好養生，上班不打混，還幫大家做檸檬水放在公司冰箱，供同事自行取用。午餐從不吃太飽，餐後會做些小運動舒展久坐的身體，**午休時段耳塞枕頭全副武裝，下午準時起床，再一口氣努力到下班。**由於外宿的地方沒有濾水器，下班時，他會拿兩個大保溫杯到飲水機裝滿水，再趕公車回家。

▨ **案例3：**E遠距離通勤，為了控制房租，所以在外縣市租房子。由於是中年離職，轉到新創公司上班，**他的年紀比同事大了一輪，但聊天做事沒什麼隔閡，氣氛融洽。**下班時段是他最緊張的時

候，因為錯過第一班回家的車，就要再等一小時。有同事剛好住在車站前，因此 E 總會央求同事載他到車站。

▨ **案例4：**N 負責企劃，**這是個壓力極大的部門，每件專案都有時間限制，但他幾乎不曾拖稿。**他在工作時，常以暴風雨般的敲打鍵盤聲，響徹整個部門。此外，他喜歡戴上了音樂灌滿的耳機，期望阻絕外部的聲音，讓自己有足夠的思考場域。

很多人會把重點放在粗體字，覺得毫無異狀，彷彿如同粗體字描述一樣優質。但粗體字都是陷阱，不過只是基本功而已，還算不上優秀。但在粗體字之外的小動作，往往來自過去的壞習慣，可能沒有人提醒，所以不知不覺就帶來公司。**在工作表現發光發熱之前，壞的工作習慣正讓你的職場烏雲密布。**

大事做好之前，小事別先搞砸

很多人認為抓這些小細節根本不重要，宛如小時候被老師檢查指甲、手帕、水壺；當兵的時候檢查被子有沒有摺好，還有餐盤洗乾淨了沒？但如果進了公司，襯衫領子又黃又髒，指甲爆黑爆長，天天沒帶手機充電線跟同事借，辦公桌亂七八糟找不到想要的資料；跟長官出外開會竟然遲到，外賓來洽談結果我們杯子沒洗乾淨⋯⋯，雖然工作效率高，但這些小細節仍會破壞大家對你的信任感。

現在就來針對上述案例，到底錯誤的地方在哪裡：

▨ S 精準上廁所，打卡後固定半小時消失，跟常態遲到其實沒有兩樣。

- O 喝水好健康，但裝水回家顯然侵用公司物資，佔用公物乃是職場大忌。
- E 方便當隨便，請主動和同事分攤加油費用，同事的車並不是你的專車。
- N 職場藝術家，把行為藝術留在家裡吧，干擾同事一點都不酷。

在取得大家的信任之前，這些零零星星的討人厭、職場微 NG，說大不大，說小不小，不算嚴重。不一定會有人好心提醒，因此，自己很難察覺這些小毛病，又無法第一時間改正。等到被提醒的時候，通常都是大家已經忍耐多時了。比起被默默邊緣化，無法融入公司環境，或是逐漸冷凍職位之後等你自動提離職，如果有好心人願意跳出來，委婉或不客氣地提醒你，已經萬分幸運，一定要馬上調整。

看起來不糟，才有人想看見你的好

有些人會認為，在職場的工作核心就是好好做事，為什麼要專注在這些雞毛蒜皮的小事挑三揀四？

在此把上述案例直接翻譯：S 是固定翹班，O 是侵占物資，E 是共享但不付費，N 則干擾辦公室效能。**這些都是無知或自私，不把別人當一回事。**

在證明自己的價值、取得他人的信任之前，不論有意或無意，若不慎反覆使用他人的資源，或者造成他人的困擾，一定會讓其他職場夥伴對你築起心防。一旦走到這一步，後面再有表現，也很難被看見。

在職場中，如果對於「創造價值」還抓不到頭緒，不妨回頭防守。假設自己如果表現不差，但整個職場都不喜歡自己，那是為什麼呢？這是個艱難的問題，不妨可以檢視自己是否有這些情況：遲到、大聲講電話、整潔習慣差、推卸責任、愁眉苦臉、愛搞小團體等，甚至是在溝通的時候，標點符號亂打、錯字連篇、語助詞過多、深夜傳訊息給同事等行為。

自省這麼難，職場菜鳥怎麼辦

上面提到的職場毛病，絕大多數都沒有惡意，而一般人要察覺自己的壞習慣，實在不容易，那該怎麼辦呢？

請試著在剛到職時，一一向同事主管洽詢，自己是否有什麼該改掉的壞習慣。用整個職涯現場的不同視角，來調整自己的工作習慣。沒有人是完美的，許多舉動實在沒有誰對誰錯，不同公司的職場習慣可能也大不相同。但當你願意適應這個環境，讓自己多一分貼心；認真如你，職場就會對你多一分信心。

既然**找出且改善十個小錯誤，遠比做一件大事來得重要，而且簡單**。那麼比起胡思亂想、試圖掌握長官喜好，或者挑戰遙不可及的業績數字；不妨菜鳥回頭，修練職場基本功，畢竟看起來不糟，才有機會被人看見你的好。

6.3
你是忘記了,還是害怕想起來?
──與其等著被罵,
要不要提早自我反省呢?

國片《返校》上映時,充滿壓迫感的時代背景、夢境與回憶的驚愕交錯,都讓影迷冷汗直冒、熱烈討論。即便沒看過電影的人,應該都聽過這部片的核心台詞:「你是忘記了,還是害怕想起來?」

在過去的教育中,通常會鼓勵大家有錯就改,不要困在昨日的責難之中。也有「過去的就讓它過去」、「往前看,不要活在過去」等等說法。然而,從學生時代就開始過著團體生活,與人合作時難免犯錯。這些或大或小的錯誤,是否讓它們留在歷史就好?至少不要公開曝光,讓更好的我覆蓋那個出錯的我,用今天的進步來取代昨日的青澀?

或許,將這些瑕疵留著,才會讓我們活得像一個真人吧。請接受自己,不要遺忘那些曾犯下的錯誤。甚至在犯錯當下,請勇敢認錯吧!

是沒犯過大錯,還是沒資格犯錯

不論是實習還是正職,面試時有一道萬年考古題,請時時準備刻刻複習。如果考官只能問一題,那麼,我想這會是許多考官的第一首

選──「**請談談過去工作時，你出過最大的錯。**」

▨ 第一種回答：沒什麼特別的印象。

▨ 第二種回答：講一些無關痛癢的小錯。

▨ 第三種回答：別人如何害我犯錯。

　　問你過往曾犯下什麼大錯，你說沒有印象，雖然無法排除「你是完美工作者」的可能性，但通常面試官會認為，你還沒走出舒適圈，沒承接過超乎你能力的工作。更嚴重的是，反過來說，就等同於向面試官自首：「**沒有人願意交付重大任務給我。**」

　　那麼，談談大任務中的小錯誤呢？比如說：「動線安排不當，活動現場排隊小 delay」、「講師車票沒給回郵信封，因而較晚才收到來」、「採訪稿有錯字，被總編罵」等等。這些不痛不癢的錯誤，能讓我們看起來富於自省，且不至於失去面試者的信任感嗎？

　　很遺憾的是，這個題目其實是問你真正在意的事，如果這些錯誤影響有限，那也表示**你所關注的都不是真正的關鍵問題**。對於面試官而言，這樣的員工或許抓不到重點，拘小節但不識大局，看不出在工作歷程中，你真正在意的核心價值。

　　那麼，因為別人犯錯，害我跟著釀成大禍，這個答案如何呢？如果抱怨完隊友的雷，然後開始聊聊當時你怎麼拯救世界、化險為夷，而不是單純批評隊友多糟，那麼，相信會留下好印象。但如果只是沉迷在批評前同事、分組報告組員、校內外社團夥伴，那就慘了，因為面試官根本無法確定錯的是誰。是無法做好風險管理的你，還是那個

突然出錯的「他」？是也有錯誤但無法自省的你，還是那個始作俑者的「他」？

工作這件事就是團進團出，若是你總說那些大錯的原因都不在你身上。如果這是真的，那未來團隊出狀況時，你也會是那個無能為力的人。

你若不逃避，就聊聊這些難過的事吧。如果能聊聊這些失誤，面試官或上司才有機會了解，你在意什麼？什麼對你而言是重要的？什麼東西你真的放在心上，永誌不忘？

以退為進，認錯是最高級的自介

或許，你現在可以練習說說自己的不足：

如果你是講師，反省自己曾經語速太快，或者今天的投影片對比太低，在強光之下變得不夠清楚。如果你是社群經理，自我檢討近期發文互動的品質、私訊回覆的再行銷達成率，商品購買的實質轉換率。如果你是攝影師：雖然最近的照片總是叫好叫座，但忘了捕捉後台工作團隊的身影，沒能讓工作團隊也能看見自己。

我們或許還沒有動人的成果，但能對自己有專業的要求。把每一個可以檢討的地方，向大家說出來：是我的錯，我會加油的。這一刻起，我們不再是推卸責任的新手，要讓面試官、合作夥伴、潛在業主們得以看懂，**你會什麼、你在意什麼、你能替夥伴帶來什麼**。

這些認真自省，都會讓你往專業人士大步邁進。最高品質的業配

文，可以是他人的稱讚，也可以是扎實的反省。每一個檢討自己的人，都是看見自己問題的人，保持清醒，這是以退為進。

6.4
那些年，我們一起追的結案——
世界上最遙遠的距離，
是結案前一步到結案之間

　　筆者最喜歡的電影之一，是2015年上映的《走鋼索的人》，講天才與瘋狂、自豪與謙卑的一線之隔，表現狂躁也展示空寂，總之值得一看。

　　主角小時候偶然看見街頭雜耍，從此走上鋼索成為特技表演者。有一天，他在報上看見美國正要興建雙子星大樓，在那一瞬間，他找到他的人生目標：從這兩棟大樓的樓頂，拉一條鋼索，在高空之中走過那條鋼索。

　　第一次走高空鋼索時，他沒能成功。在訓練繩上掙扎之後，還是跌跌撞撞地摔下來。他的師父問他：「你知道走鋼索的人，最容易在哪裡摔死嗎？」

　　我不確定師父的答案是真是假，但每個做專案的人，或是職場老手聽到後，應該都會倒抽一口氣，並且深感認同——「**走下鋼索前的最後一步。**」

世界上最遠的距離，是還差一步就⋯⋯

「世界上最遠的距離，是你在我身邊，卻不知道我愛你。」其實，遺憾與悔恨不只存在愛情裡，它們在平凡的日常裡無所不在。當我們回到職場，會發現最氣餒的時候，就是只差臨門一腳，卻怎麼也無法把致勝一球，踢進無人防守的巨大球門裡。

執行完的專案，鬼打牆一直結不了案。賣出去的商品，尾款怎麼都收不回來。目送講師離開，回程車票三催四請沒有下文。會議開一整天，關鍵結論就是反覆來回沒有定論。提早交的原稿，改來改去改回原版，然後又繼續改版。

這是走下鋼索前的最後一步，死神在這邊等著，等我們掉以輕心。在這最後一步考驗你是否重心不穩，甚至氣力放盡；是否在終點前一受阻礙，就無法堅持到底。跟職場上的大型專案相比，沒有什麼不同。對於走完專案前的倒數一步，我們都太陌生了。

殘心之美！毫髮無傷才是大人的戰鬥

最在乎「終點意識」的運動，是劍道。

這個運動是從戰場上的廝殺，一步一步演化而來的。你無法藉由隨手亂揮，打到計分區域來得分；而要在擊中之後，保持防備意識地退到安全距離之外，且途中徹底閃擋對手的反擊，這樣才算得分。也就是說，**你必須毫髮無傷地完成目標。**

而延續防備意識、保持進攻餘力的舉動，就叫做「殘心」。

設法讓自己保持沉著，**不斷問自己：「真正的終點在哪裡？」** 要知道一般團隊一旦看見專案終點，一衝過假定的達標線，減速慢行之後，就再也跑不動了。而實際上，終點往往有好幾個層次，以一個公關活動為例，活動結束後：

時間	項目	執行狀況
活動中	活動場地	已請場地方確認 OK。
	活動押金	已退回。
	活動用品款項	已與廠商確認款項與核對發票無誤。
活動後	活動宣傳：照片	攝影師正在活動照片後製，需在當天完成。
	活動宣傳：觸及	確認每一則貼文，都有標記合作客戶、場地單位、邀約講者、特別來賓。
	發信給參與人，請他們自己平台上分享	當日，附上活動照片，寫一封信鼓勵大家分享活動。
	結案報告	將成果報告紀錄給業主，並展示有效 KPI（人次、照片、網路評論）。
	感謝信	寫給表演者或工作團隊，讓夥伴未來還願意幫忙。

這只是隨手列出來的基本項目，若是專業的職場人士，恐怕終點前的 SOP 會再細緻好幾倍。這並非刁難新手，而是想要提醒大家：在

一個行動完成之前,請試著全力思考,若想將一切做得完美,在這快要完成的此刻,我們還能再做些什麼呢?

請緊盯即將完成的目標,設法全身而退吧。努力苦戰然後受一身傷,是少年的浪漫。完美殘心而後毫髮無傷,才是職人的美學。

真正的終點,都寫在行動之前

要有無瑕的職場表現,靠的是臨場的敏銳反應嗎?事實完全相反,臨場的精彩表現是少年漫畫的魅力所在,但步入大人的世界,一切都該提早計算。以剛才提到的公關活動來說,怎麼可能等到活動結束,才開始思考照片上傳的事。**每個終點之前的細膩操作,全部都仰賴企劃階段的嚴格要求與周全計畫。**

想要讓好不容易邀來的大咖講師,對我們留下好印象,該怎麼做?邀請講師上課之前,功課做足了嗎?想寫感謝信,上課時有先抄下好講師的句子作為回饋嗎?想請參與者課後分享,我們的攝影師能拍出好照片嗎?想讓討論時間互動熱絡,宣傳時有找到正確的受眾來報名嗎?

這些苦心孤詣,幾乎都沒有臨時抱佛腳的可能。所謂的完美一擊,往前推算,可能從呼吸、練劍、步伐、轉身等,就開始訓練了。這些毫不多餘的扎實準備,都是為了在可能失常的終局之戰,能有萬全的應對。結案前的關鍵時刻,新人總是容易有個三長兩短,老手卻能十拿九穩,差距就在這裡拉開。

6.5
高品質的產出,總是樸實無華且枯燥——靠努力就想做出好作品,小心比悲傷更悲傷的故事

綜覽網路世界,不論是個人品牌,還是公司品牌。有多少影片工作者,想要替品牌拍出爆紅短片;有多少文案工作者,想要替業主留下一句金句;有多少網紅,想要讓觀眾記住自己是誰。

老實說,如果想創作與人共鳴的作品,不論是印象強烈的視覺作品、又鬧又ㄅㄧㄤ的迷因句型、驚悚刺激的實境遊戲、令人屏氣凝神的現場演講等,埋頭苦幹十年一劍,真的是最危險的修鍊方式。

這幾年來接觸許多創作者,很可惜的是,他們「太晚努力」且「只會努力」。這些人通常是半路出道,沒有受過系統化的訓練;說對某某領域有興趣,卻也只是急著想變強,大多數的時間都在忙著打造自己的新作,卻沒有欣賞足夠多的好作品,視野有限。如果我們不曾看見星空,要怎麼描繪廣闊的宇宙?如果沒看過好的作品,沒有透過高手的眼睛看這個世界,又怎麼會知道自己的程度在哪裡,要如何進步?如果缺乏視野與見識,那麼,我們究竟在鍛鍊什麼呢?在這樣的情況下,所謂的**「努力超越自己」**,其實不過是原地踏步而已。

你終究要看懂的，
為什麼不一開始就看懂呢？

在學生時代，筆者曾投過文學獎，偶有得獎，但真正的收穫都在決選會上。評審講評入圍作品時，會用更高層次的視角，解析作品的架構、細節、轉場、符號等。評審偶爾也會推薦相關作品，不論是科幻、鄉土、政治、愛情等，總是有許多經典作品，可以讓我們探索得更深更遠。

而在評審會議的發問時間，大家最愛問的題目，就是怎麼進步。評審的答案都一樣，我相信這是亙古不變的方法——**「多看，多寫。」**

在你準備要埋頭苦練之前，不妨先抬頭看看，在我們即將投注心力的道路上，有哪些里程碑已經在那邊？為何那些作品能夠獲得世人的認可？努力當然是必要的，只是在拓展視野、見識過真正的好作品之前，你的苦練，很有可能只是原地踏步。

苦練的迷信者，有一個說法是「反覆修鍊，才有機會質變，到時候自然就懂了」。像是坊間的讀經班，標榜著孩子小時候不懂也沒關係，多念多背，長大有一天就自然了解這些大道理，結果多半是苦苦消耗孩童的精華時光，沒辦法真正理解經典的深意。

而創作者若迷信苦幹、繞了一大圈才掌握箇中訣竅，為什麼不在一開始的時候，就先多看看高手的作品，琢磨好作品究竟具備哪些要素、哪些地方又是可以練習模仿的呢？蒙頭瞎練反覆努力，是被高估的美德。向高手學刻意練習，才是成長駭客的捷徑。

You are WHAT you eat！

如果你也是乾巴巴的苦練者，先吃點好東西吧！

👤 步驟1　首先，體驗經典作品之旅。

上網搜尋或向高手諮詢，找出該領域中必讀必聽必看必玩的十大經典，像是書單、片單、網頁、海報、遊戲等等。設法花費時間，扎扎實實地體驗一輪。如果搞不懂大家說的「經典」好在哪裡，就設法找出導讀資料，把這些公認的好東西「看懂」，直到有能力感受這些經典「為什麼好」為止。

想要有高品質的產出，就要讓自己浸泡在高品質的作品之中，讓自己每一個操作細節，都往有意識或無意識的「好」靠近。

👤 步驟2　接下來，建立自己的閱讀渠道。

經典恆久不變，嚼完乾貨之後，在稍有品味基礎之後，為自己訂閱該領域的營養品，讓自己不錯過當代的一線創作者，增加自己的靈感來源，甚至和創作者交流、互相學習。

想研究某個領域，至少用 Google Alert（Google 快訊）訂閱關鍵字。心儀的 KOL（Key Opinion Leader，意見領袖）大大評論什麼新作品，不要偷懶，請跟著體驗一次。做設計的，至少訂閱 Pinterest；寫文章的，選些知識分子追蹤發文。

👤 步驟3　最後，不放過一切美好事物！

到這個步驟就自由了。你可以去旅行，去聽演唱會，去逛美術館，

看草原被風吹動的樣子，觀察清晨的豆漿店，體驗驟雨之間的停頓與空白。最後，你容易覺得感動，容易看到好作品之間的瑕疵，但不苛責，因為你比其他人更感念這些得來不易的美。直接取樣這個世界，感受美之核心，自由取材，轉化使用，這就是貨真價實的「高品質作品」。

這就是最後的祕密了，壞的藝術家用抄的，好的藝術家用偷的。不要放過生活中一切美好事物，生活中無處不是靈感，若你能發現，那就歸你所有。

英文諺語說過：「You are WHAT you eat！」我們的品味，都奠基於我們「吃過」什麼作品。因此，先從經典攝取基礎必需品，再從訂閱相關內容作為補充營養品，最後，你已能品味世界原汁原味的美。在這循序漸進的過程中，你已漸漸成為一位優質的創作者。

6.6
大家笑著開會，而菜鳥哭著回家？
──熟識的團隊需要歡快方便，新來的朋友不要輕易隨便

　　步出校園來到職場，好不容易通過面試，錄取正職或實習位置。更讓人開心的是，公司整體的氣氛良好，老闆、主管、基層、新進人員總是打成一片，發想會議或專案呈報時，總能笑聲不斷。如同近年流行的新觀念──扁平化組織（Flat organization），沒有職階壓力，只有直接發言。能夠能投入這樣的環境，真是再好不過了！

　　各團隊狀況不一，氣氛拿捏的分寸也即為曖昧，在此筆者暫且都以一條守則自我提醒：「**搞懂怎麼完成任務前，先不要跟著慶祝。**」。如果你還沒搞懂那些前輩們，到底是如何想出精妙的提案、如何在會議中快速釐清專案要點，或者更廣義的說，如何幫組織提高業績、做出成效，那我建議你先不要放縱自己去玩鬧。

　　筆者就拿最近碰到事情來說吧。J是新到職的實習生，報到日有些羞怯，但隨著職前訓練、專案交付、下班餐會等接觸，與同事之間的情感逐漸深厚。開會時，看著前輩與主管相互開幾句玩笑話，各自積極拋出觀察與提案，J也迫不及待提出自己的意見。雖然沒被採用，但主管說他很有想法，可以再多多琢磨。

不論是內部討論或是外部會議，每次開場總是天馬行空的閒聊雜談，接著，雙方提出各種完全不可行的方案，然後互相吐槽打槍。幾回合進退之後，突然水到渠成，一份合作備忘錄或是執行草案，就這樣一條一條列在白板上，然後成為專案信件，穩穩當當地排入工作流程之中。

J為了讓自己能跟上會議節奏，不願乾坐冷板凳，試著在會議時段跟上笑點，插幾句無傷大雅的笑話將討論的氣氛帶嗨；或是在合作會議的提問階段，接二連三提出自己的問題，期望讓主管看見自己的積極度。

在一次緊急專案會議中，會議主持人詳述時程的困境、合作單位的諸多考量之後，大家沉默不到幾秒，主管就開了個玩笑，說：「還是我們一個月不領薪水，這個案子就放掉吧！」老闆點點頭，說：「好啊送件來，蓋章照辦。」這時，J冷不防補上一句：「我也贊助兩個月不領薪水！」會議主持人和部門主管互看一眼，露出無奈的笑容，客氣地對J說：「提點子很好，但是不是再多想一些，會比較好呢？」

J馬上插話：「還是，這個案子讓我試試看，有虧損的話讓我負責，大家薪水照領，除了我之外啦！」

整個辦公室突然陷入沉默。會議主持人眼看氣氛不對，打個圓場請大家先喝杯水、上個廁所，稍後再回來繼續討論。大家離席之後，主持人向J走去，問他能不能先離開會議，或是稍後先不要發言，讓會議順利一些。

主持人講得懇切，但 J 完全搞不懂自己做錯了什麼。於是，他央求主持人讓自己留在會議中，說他還有一些備案，希望可以幫上忙。於是，筆者直接向 J 詢問：「你是不是喜歡我們笑著開會？」

笑著開會，是為了笑著散會

J 點點頭，一臉委屈與不解，他不只想跟同事交朋友，也想跟上團隊的腳步。筆者也請 J 思考，為什麼其他的實習生在會議上不太發言、也不太會跟著開玩笑，卻還能留在會議裡一起討論，唯獨他明明也跟著大家一起笑著開會，卻要被請離會議室呢？

事實上，會議上看似毫無重點的對談，是為了想要淡化那些社交辭令；拿過去的失敗當今天的玩笑，是要提醒大家不要再重蹈覆轍。那麼，什麼時候該講笑話輕鬆氣氛，進而提高團隊此刻的創造力？什麼時候又十萬火急，字句斟酌只為了趕上應變的時程？

如果你才剛到公司不久，對團隊還不是那麼熟悉，分不清笑鬧的分寸，聽不出哪段是玩笑，哪段又開始認真了起來，**那麼融入會議的最佳模式，絕對是戰戰兢兢，保持專注且微笑，不主動搶話，但隨時做好回話的準備。**

畢竟大家來職場工作，是為了開心下班，而不是延長上班。笑著開會只是手段，笑著散會才是目的。別被會議中的美好氛圍騙了，那都是團隊磨合幾年時光之後的默契。

後來再度見到 J，他代表其他組織來和我們開會，發言不多但沒有

廢話。主管和他側身耳語，看得出很信賴他。會議結束後，他給我一個深深的九十度鞠躬。

期待各位新人也能穩中求勝，在新時代的公司文化裡，不求跟上輕快會議的雜耍拋接，但求打出標準會議的關鍵安打。請把職場當職場，別再把職場當作體驗美好氣氛的職訓遊樂場。

6.7
辦公室諸君,幫我撐十秒!
──放大招很帥,
但職場要你連續放大招

「幫我撐十秒!」「星!爆!氣!流!斬!」第一次在 YouTube 上看到動畫《刀劍神域》的主角放大招的影片時,心中就在想,所有漫畫和小說的主角,如果有絕招,不只會取一個響亮的名字,還會在施展之前,先做一套儀式性的動作,再帥氣地喊出招式名稱!

在諸多絕招中,「星爆氣流斬」應該是著名招式的前五名。主角在最危險的時候,請隊友保護自己十秒鐘,讓自己拔出第二支劍,再進入無限揮擊模式,直到敵人倒下為止。絕招通常會有副作用,比如說,「星爆氣流斬」不能說放就放,需要隊友先來掩護。而其他大絕招的副作用,通常是一招決勝,放招之後必然力竭。

在絕境中一擊逆轉,那種非生即死的戲劇性,實在很吸引人。但回到職場,All in 放大招,真的是可行的策略嗎?放完大絕招之後,然後呢?

全力揮拳，還是用臉挨揍？

在學生時代，如果大家一起舉辦營隊，或是參加系上的××之夜，最後幾天往往都不眠不休，活動當天已經達到體力臨界點。活動一結束，慶功宴吃一吃，回家就睡到不省人事。醒來之後，再回來拯救自己的生活，把沒讀的書、沒洗的衣服、積欠的作業通通清掉。

當然也有比較慘烈的同學，打完校隊比賽的賽季之後，也錯過了這個學期的學分。太多次考試缺考，或異常低分，讓自己必須多留一個暑假，甚至多留一年，才能彌補之前的缺失。

全力以赴搏命演出，在大多數的熱血動漫中，都是主角最常見的姿態，但如果主角威能，不在我們身上呢？就像那些拳擊漫畫：不管是不是主角，只要是信心十足、全力揮拳的人，下一秒通常就滿臉是血地躺在地上，看評審在蹲在自己身邊，倒數著十、九、八⋯⋯。我們時常只想著眼前的發光發熱，要盡全力燃燒自己，完成眼前的工作，但沒考慮到熄火的瞬間，如果之後還有不能出錯的工作，還有不能缺席的考試，該怎麼辦？

很多職場新鮮人為了完成晨會文件，前一天熬夜到天亮。幸好提出的報告深得主管歡心，卻忘了今天還有一堆行程：中午要和客戶用膳，下午有跨部門的企劃發想會議，晚間有兩小時的進修講座；再晚一些，另一半很早就和你相約看電影。

學生時代，課業超載或許就翹課，或許就打個電話說「拍謝要取消」。但大人的行事曆沒那麼簡單，搏命演出瞬間發光，但在那之

後，工作上有哪些項目可以無痛取消呢？是要放生客戶？還是取消會議？暫停一次進修？請家人多多包容？

真正的大招，是永遠還能放下一招

「小孩子才做選擇，大人我全都要！」這句網路名言，說得對，但也不對。**先做取捨，再為取捨之後的結果完全負責，會是比較理想的選擇。**回到職場上，顧此失彼不是成熟的表現。答應了，就必須都要做好。

看過桌球、網球、羽球比賽的人應該都懂。新手看到對手吊高球，覺得只要暴力殺球，一定就能拿下分數。姿勢瓦解、重心歪斜也不管，全力扣殺就對了。但職業比賽的高手，怎麼可能失去平衡。一個殺球之後，不論得分與否，一定馬上恢復姿勢，準備面對可能的回擊，反覆持續直到對手失誤為止。

站上職場，我們每個人就要有職業選手的自覺。我們不為帥氣殺球而來，不為喊出招式名稱、全力一擊而來。我們是為了得分，為了完成業務目標，為了取得信任而來。這麼嚴苛的要求，其實就是職場老手，或是穩定接案的自由工作者們的日常生活！

別說剛剛做完大案子，現在畫不出圖。誰管你員工剛好排休，人力即刻短缺。為了準備工作坊兩天沒有睡覺，但週一早上依舊開會。寧可有工作忙死，也不要沒案子餓死。專業人士在忙與忙死之間，學會短時間充分休息，或是組織團隊輪流上場。**專業人士真正的大招，是永遠還能施展下一招。用好表現取得信任，用零失誤維持信任。**

身為職場新鮮人們的你，如果下次被主管罵到懷疑人生，心想「是要平平穩穩，不出色也不出包，不過勞也沒功勞」，還是「轟轟烈烈，有精彩也有落漆，累到爆也帥過頭」——拜託，請別再想什麼全有全無了，大家出來上班都是大人了。**高效能，低失誤，請全都要。**

我想放大招！怎麼幫自己撐十秒？

不論是商業雜誌，還是新聞專訪，時常能夠看見職場菁英、意見領袖們，幾乎都有一段峰迴路轉的故事。敢拚命、敢冒險，才能夠使用機會的槓桿，一口氣放大自己的價值。就像有些企業家想賺大錢，於是白手起家，借了大筆的錢來投資一樣。但這個答案是對，也不對。

當獲利機會提高的同時，賠光身家的機會也隨之提高了。假設你實力過關，有連續放大招的本事，接下來要準備的，不是決心，而是放大招時的「防摔護網」，以下介紹三種防護機制，讓大家放膽衝刺：

1 支援人員

擅長行銷宣傳的你，身邊有擅長行政的夥伴嗎？初次獨立企劃，誰可以幫你先修過一輪？連續一週出差，職務代理人選好了嗎？能力有限的我們，並不期待單打獨鬥。缺點需要補位，弱點需要指點，裝彈需要掩護。**請找到支援人員，確保進攻有效能，撤退低損傷。**

其實整個團隊、公司，就是藉由這樣的系統，讓每個人盡可能地發揮才能、互相補位。當我們需要獨自負責專案時，不妨也建構自己的「微組織」，用團隊掩護你，讓你取得進攻或防守的關鍵十秒。接下來，就看你的本事了！

2 緩衝時間

當身處的單位小、資源少時，可能沒有多餘的人力來幫忙，沒關係，你可以在重大任務前後都預留時間，**不論是往前預留，讓作品做得完、也做得好；或是向後預留，給自己留一些時間檢討，或者補眠**。當我們表現還不甚穩定時，若將太多重要工作排得太近，期待自己能用意志力一一闖關，當進度不如預期時，意志力就容易隨之耗損。這時，容易導致全面崩盤，不可不防。

可以將意志力想像成一種肌肉，反覆訓練能讓它強化，但貿然挑戰大重量，只會讓肌肉拉傷，變得消極且畏縮。請循序漸進地磨練自己，留下喘息的餘地，不要把重點工作排得太近，也別再自以為意志力可以解決任何問題。

3 過往績效

除了前述的防護措施，還需要讓別人能夠安心交付重任給你的「證明」——過往績效。過往績效不代表未來績效，但若是沒有過往績效，想跟主管談你的狂賭之淵，到底憑什麼呢？

若想搶下不屬於你的機會，那就先拿出你能夠危崖摘花的證明。想放絕招的主角、急於表現的新人，在登板救援的那天到來之前，請先練基本功，當關鍵時刻來臨，你才能成為他人想利用的「**選項**」。

當你真心想把事情做好，
整個世界都會幫你撐十秒

有些人喜歡空口說白話，認為都是別人不給機會，自己才一事無成。但這些人時常什麼都不願努力，但什麼都要。不論是否有才，別人都不該幫他們撐十秒。

期待當你上場時，夥伴在你身邊，時間在你身旁，成績在你身上。因為你真心期待，能夠把一件事做好。屆時，整個世界都幫你撐十秒、二十秒、三十秒。直到你流暢且盡力，揮完最後一劍，成為一時的傳說。

6.8
職場的答案,都在對與不對之間
——得不到想要的精確答案,
關於職場的測不準原理

政治人物的一言一行都容易變成熱門新聞。最近有官員在議會備詢時,議員問某件事「有還是沒有」,官員妙答:「介於有跟沒有之間。」

眾人譁然,覺得當眾鬼扯也太大膽。但有網友深解,在未經觀測的封閉系統之外,系統內的一切可能性,確實都在有與沒有、對與不對之間。雖然官員應該不是科學迷,不至於在這麼劍拔弩張的議會質詢上,突然來一段科學對話。

職場上,筆者也常見這樣的「測不準原理[7]」。職場新鮮人不敢擅自行動,總是在執行前會請示上級。其實,若是資深同事多半都能明瞭,萬事問主管,主管的說詞總是反覆、很難理解。早上請示時收到回覆是「可以試試看」,下午則是「要再看看」,晚上卻收到「不行,你怎麼會這樣做」。

於是,你開始疑惑:「是不是老闆都不知道自己要什麼!」「這是故意整人嗎,要讓人背鍋?」「搞了半天又要做白工,好浪費時間!」

最常見的情況，恐怕是「看情況」

筆者參與學生團體的活動能力培訓工作坊時，常會被問到企劃書的問題，例如，「該怎麼讓活動細流寫得盡善盡美？」傳統細流會用表格記載工作人員的職稱、每十分鐘該做什麼；為了不讓表格上有大段空白，會設法細切流程，也會讓每個格子都補上工作。

事實上，可以「放下細流」，更準確來說，不要把細流的內容當作絕對的聖旨，不要執著於每一分每一秒，每個人員該「固著」在什麼位置。因為人家的現場經驗太少，在經驗有限的前提下，努力安排每一分秒大家「必須」出現在什麼位置，很容易是虛構的指示。等到現場情況有所變化，真正需要人力時，反而沒有人可以補位。

剛步入職場，新人提問時通常會想要取得「正確答案」，接著，只要操作「正確答案」，就能獲得「正確結果」。提問時通常也問得簡略：能不能買、要不要做、邀幾個人、幾點開始、該說些什麼……。然而，工作現場瞬息萬變，幾乎所有答案都有對應的情境，而每個情境又會因我們的行動，再次產生不同的變化。如果情境改變，我們手上卻只有背好的答案，做法沒辦法跟著調整，硬要照辦，犯錯也就在所難免。

---

7 測不準原理又稱「不確定性原理」（uncertainty principle），為德國物理學家維爾納·海森堡（Werner Heisenberg）提出的量子力學理論，說明粒子的位置與動量（物體質量和速度的乘積）不可同時被確定。

「活動售票預購已滿，要不要賣現場票？」「業主半夜發報價給我們，應該立刻回覆嗎？」「講師早上寄信說感冒了不能來，課程要中斷還是繼續？」遇到這些狀況時，我們該如何應對呢？

除了極度簡樸的少數行政工作之外，大多數的決策判斷，答案應該都是「看情況」。到底，看什麼情況呢？

░ **看目標**：我們的行動是為了什麼？
░ **看衝突**：真正的問題是出在哪裡？
░ **看資源**：時間金錢人力資源夠嗎？
░ **看風險**：短線解方長線會著火嗎？

如果主管很忙，一時無法給出整套的回答，通常只有一句「看情況」。因為其他答案大概也只是暫定，隨後都有變更的可能，最常聽到的回答，總是包含「先試試看」、「再跟我說」、「大概」、「可能」、「應該」等詞彙。

請學著擁抱不確定性，理解主管的要說不說吧。試想，如果有高中生問你：「面試好還是指考好？」「該讀大學嗎？」「什麼科系比較有出路？」在無限的決策樹中，最有良心的中肯答案，恐怕也是「看情況」。

找答案之前，先讓自己成為填答案的人

身為主管，面對只問解答的新人，其實也是憂心忡忡。即便主管設法完整地說明，當現場的變化超出預期時，過去有用的答案可能並不

適用於現在的解方，當新人出錯，最後還是會算在主管頭上。那麼，什麼樣的提問，會讓主管容易傾囊相授，也容易提升信任關係呢，就是──**帶著答案與思考流程來提問。**

「活動售票預購已滿，我認為若現場空間仍有餘裕，應該釋出加購資訊，售完為止；若預購票未售完，可轉換成賣現場票，票價需再提高一些，避免預購者不滿。」

「業主半夜傳來報價，我想即刻回覆已經收到，會在明日盡速討論。我想保持即時回覆的機動性與誠意，但同時讓對方知道我們有上班時段，避免未來團隊必須夜間加班。」

「上午的課程講師來訊，說因感冒無法前來上課。由於是兩日工作坊，我想寄信告知學員上午的課程空缺，費用會退四分之一，中午午餐仍然提供。但還是可以在該時段來教室，會由其他講師帶領相關課程。讓工作坊保有教學品質，維持課程的良好評價，也藉由部分退費，讓與會者不致退課或覺得受騙。」

先說出你想怎麼做，為什麼會這樣思考，讓主管知道，你不是來找答案抄、有錯就怪答案差的員工；而是願意扛下責任、深思熟慮多方諮詢之後，**願意在名為決策的考卷上，填上名字的人。**當你能夠清楚表達自己的答案，以及思考流程，那麼前輩、主管才能精確地給你回饋，讓你知道每一步的細緻操作。

在我們足夠資深、出手十拿九穩之前，**答案對而思路錯，或答案錯但思路對，都和答案錯且思路錯，是一樣的道理。**唯有細細鑑別每一

個步驟，才能讓你的行動，具有合乎邏輯的判斷。

想成為獨當一面的老手嗎？從現在起，別怕答案有錯，就怕不知為何正確。請努力建構職場決策樹，驗證每一道論證過程。當然，你提出的答案，都可能介於對與不對之間；但無論如何，請證明你能寫出不錯的答案。

6.9
什麼辯解，都先不要說——
先從好好道歉開始

「對不起」可以入選為生活常用句前十名，一點也不為過。在這個世界上，每分每秒都有人在道歉，不論是自己犯錯、還是以和為貴、又或者只是必須道歉。人有失常馬有亂蹄，對外對內犯錯犯傻，道歉都是江湖上必備的基本技巧，走出職場新手村時每個人都須自備。

然而，說到道歉的目的，大部分的人都認為道歉的終極目的是為了表達歉意，實然則不止於此。從實務現場來看，道歉多半都是為了解決衝突。也就是說，當你在鑽研道歉這門學問時，該在意的從來都不是禮貌、用字、或是心態等表面因素，而是要鎖定並承接對方的心理主觀失望。

舉例來說，假設你是販賣手機的店家，沒想到自己的商品在運送途中被貨運公司摔到，再送到消費者手中，消費者看到受損的商品，氣急敗壞的來客訴，這時你有下列兩種道歉方式：

【道歉台詞 A】

「您好，很抱歉讓您有不愉快的消費過程，但由於這個貨運過程並非我們可以掌握，這部分在購物網站上也有明確的標明，貨運相關問

題我們無法負責，因此，很抱歉無法賠償您。」

【道歉台詞 B】

「您好，很感謝您購買我們的產品，然而貨運期間的傷害是我們無法預期的，請不要擔心，我們可以協助您聯絡該貨運公司，務必請他們協助處理。再次感謝您的耐心體諒。」

哪個答案比較好呢？事實上，這兩個答案都有改進的空間。市面上，教大家如何道歉的商業書如此多，但也分成兩種流派：一派是傳統銷售業務出身的，另一派則是數位客服出身的。

A 台詞是傳統派的教法，B 台詞是數位客服的訓練，站在道歉者的角度來說都是標準教材。請試著換位思考，如果花了幾萬元買手機的人是你，滿心期待開箱卻看到碎掉殘骸，然後再看到這兩種道歉，基本上怒火仍繼續燃燒。不妨試試看這個第三種道歉方式，從心理學的角度道歉。

【道歉台詞 C】

「您好，感謝您購買我們的產品。我們希望每位顧客能享受最順暢的購物流程，並且充分體驗該產品。因此，聽到這個消息我們十分震驚。很感謝您使用客訴系統，目前已經聯繫貨運公司請求賠償，預計在 10 天內可以獲得答覆，再次抱歉讓您有這樣不愉快的體驗，還要多打了這通電話通知我們，真的很感謝您！」

同樣都是「無法賠償，但會幫您聯繫貨運公司」，台詞 C 的說法反而讓你不想對客服人員生氣，這就是從心理道歉的關鍵心法：「我們

從未對立。」

過去所學到的道歉技巧，目的是為了與對方取得共識與平衡，假若今天不是那種衝突到必須全面釐清真相的狀況，都是有機會透過「強調與對方的目的一致」，來跟對方站在同一邊對抗問題。

道歉的核心技巧

想要成為厲害的道歉者，在此以三個層次剖析，說出讓人能心服口服的道歉文。

1 行為層次：不使用轉折詞

這是最違反直覺且最需要修鍊的一個技巧。當我們被質疑時，在大部分的狀況下，會習慣用轉折詞來捍衛自己。例如：「你說的這些我都明白，『但是』我認為……」。其中，「但是」的用途，便是表達後面的「我認為……」比前面的「你說的這些」還重要，對聽者來說，這當然不算合格的道歉，反而變成反駁的潛台詞。

道歉並不是互相競爭，反擊式的思維會壞了全局。「你說的這些我都明白，我認為……」光是這樣小小的改動，都能使聽者感受大大不同。第一時間接住對方的怒氣，才有提供服務的機會，讓大事化小，小事化無。

2 情緒層次：被剝奪感消除

在人類主觀的情緒下，只要遭逢疑問、憤怒、失望等，一律會認為自己是弱勢的一方，而這個弱勢又可以說是假想的上對下關係。假設

你收到了壞掉手機，心中多少會跑出「是怎樣？看我們消費者好欺負是不是？」「你們大公司都是這樣做事的嗎？」「貨運公司是你們配合的，還跟我說你不知道？」等極端OS。

這時你該做的事，就是接下對方的情緒：「遇到這樣的狀況，我完全可以理解你此刻的不滿」，並且悄悄的轉移立場：「如果我是你，我也一定會感到憤怒、委屈」。在此同時，若觀察對方的負面情緒已經消退，也可以順著對方的行動，進一步認同對方：「感謝你還仍然相信本公司，願意給我們補償的機會。我們一定不會讓你失望。」。透過前兩步驟，不再次激怒對方，緩解既有負面情緒，接下來我們將進入最後一個環節，給對方一個合理的交代與處置。

3 價值觀層次：雙方目的同步

傳統的道歉就像是「你是A，我是B，發生衝突時，不然我們就折衷吧，你覺得如何？」但，這裡提到的道歉應該是「你是A，我也是A，很開心可以跟你同一陣線，一同解決C」我們的目標都是一致的，你跟消費者都想要有好產品、都想要好的使用體驗、都想要解決問題。讓你們無法完成這個目標的「共同敵人」（依前述案例可定義為：出包的貨運公司），正是要一起消滅的對象，透過目標同步，來成為消費者解決問題的隊友。

以上三個層次，就是在達成「不一定是你的錯，但你必須先道歉」的目標。若收斂成一個公式，則可寫成四個步驟：

▧ **認同對方**：感謝對方購買，同時為「對方不好的體驗」表示道歉。

▨ **表明價值**：說明你們彼此目標一樣，可以一起來解決問題。

▨ **共同處理**：提出你會如何跟他共同處理問題，最好能安排可能的解決方案與時程。

▨ **感謝反應**：消費者要跟客服反應，其實心中也需要一些勇氣，這時一定要感謝他誠實開口，讓他認為勇氣有被獎勵，即可建立好感。

不要以為道歉就好

俗話說：「好事不出門，壞事傳千里」這在個人品牌經營上可以理解為「平常的華麗經營與表演，都不及遇到問題時精準且真誠的處理」。如果時間有限，那你究竟要寫1000篇文章，還是要好好地道個華麗且不卑躬屈膝的歉呢？

專案溝通失靈、檔案忘記傳出、密件副本沒開，這些錯誤偶爾發生，處理得好那就能像是未曾發生，不然就等著成為對方公司茶餘飯後的垃圾話題。家人衝突、代溝發生，這些衝突時常出現，道歉是無法解決問題的，但包容與傾聽可以讓問題被解決。

最後，在道歉這件事情上，要注意的是，不要成為「只會道歉」的人，這種人可能是從小就被罵習慣了，所有的道歉都是為了先逃離現場喘口氣。而這樣的隔絕會損失大量的精華訊息：錯在哪裡？也就是說，只會道歉的人幾乎是最不會成長，也最不知道自己錯在哪裡的人。

道歉的最好方法

　　所有的憤怒都來自失望，縱使有多麼強大的憤怒，都是從細微且快速閃過的失望開始燃燒的。不論是讓人消氣、安慰人、或是道歉，核心目的從來都不該是「讓對方消氣」，而是要「讓對方的失望感消失」。這之間的核心思維，就是讓對方相信「我一直都在，我跟你一樣失望，所以我會幫你」。

Part 07

有些在學校沒教你的工作事

7.1
別傻了，
這樣生活才不是做自己

——不只做自己，還要記得愛自己。

　　你平常覺得自己的生活沒有方向、需要一點動力，因而去聽了激勵講座，講者鼓勵你要找到生命的熱忱。講者講得激昂，自己深受感動，但走出來幾天後，左思右想依舊找不到現階段想要的目標是什麼，然後又默默回到平凡生活。接下來就會進入這種無限循環，直到放棄抵抗或有天突然人生大改版。

　　所以究竟什麼是「做自己」呢？有人說就是徹底自由，做任何決定都依照自己心裡聲音就是做自己；有些人則說慾望會引領我們前進去做自己；有些人則說隨時隨地不受限制就是自由。但，很多時候我們卻因為做自己而招致罵聲，有人說你不負責任、有人說你沒有目標、有人說你頹廢、有人說你不尊重他人又不顧前因後果。「做自己」始終都是假命題，無法做自己的最大原因，往往都是心中那個幻想的聲音，幻想「做自己之後，別人將會如何看待自己」。

道理我們都知道，但無法確定對不對

　　所有的勵志書籍都預設每個人心中有一件渴望的事情，我們只是要

242

突破這些世俗限制地去追求。多半的讀者若非有一定生命歷練或獨立經驗，基本上是不會有明確性的渴望，畢竟大多數人在小時候就已經被抹滅了說出自己真切目標的意志。那時候我們的理想很單純、表達也無拘無束，但時常會被貼上「不乖」、或是「坐不住」的標籤。每當開口，就會招來「恬恬啦」，什麼都不表現，卻會被誇獎「很文靜」、「很乖」，久而久之，我們就不再思考自己要什麼，接著開始社交年紀，為了要有自己的存在感，於是開始參考別人要什麼，若是自己不討厭，就跟著喜歡上。

這是許多人的生活縮影，為何講出目標是這麼的難？或許更多的時候是講了出來但少了回饋，而且又沒有人可以告訴你這一定是好方向。我們花很長時間學怎麼聽話，卻不習慣獨自應付變化。

思考是一場即興演出

為了看起來比較有目的，或是有個目的傍身好跟大家有個話題會比較順利。於是，開始接受一些看起來可以參考的目標，通常是平凡的財富或是汽車。本來不會想到家人的突然開始思考說：「對欸，以後有家人」、本來不想買房子的突然想：「對欸，以後有房子要買」。突然沒有的需求統統冒出來了，腦波弱一些的人，就開始著手規劃投入，但反應快一點的人就會發現：「等等，我真的有需要買房買車結婚嗎？我還想試試看其他可能。」

這個問題遲早會浮現出來的，因為借別人的目標來參考，當下再怎麼覺得有道理、會拒絕就是會拒絕，因為已經有許多具有可信度的研

究證實：人是先決定再思考的動物。任憑業務講得天花亂墜，你都能輕鬆的說不要就不要。理性的論述總是打不過過去記憶的暗示，這也是為什麼就算知道自己人生可以怎麼規劃，但就是懷有一絲念頭說那個應該不是我要的。事實上，那就不是現在的你會要的，所以對這目標感到空虛，就算是間接地為自己的事業與收入奮鬥，也不太會有真正做自己的感覺。

我們想要快樂，但都在追求快感

如果今天你在職場上被欺負了，內心有股情緒及衝動，而你選擇與同事大吃一頓來放棄這件事情，這通常會是快感。如果你隔天醒來發奮圖強打敗對手讓她啞口無言，這或許是快樂。如果你遇見挫折就是借酒澆愁，這是快感；如果你遇見挫折轉條路改挑戰其他事情而成功，這會帶來快樂。

快感有效，但通常聽來負面、而究竟什麼是快感呢？答案是靠自己逃離不好的感受。不論是把煩人的伴侶趕走、在網路上跟人筆戰獲勝，這些都是讓我們從不舒服中解脫出來的方法，屬於從 -1 到 0，而只要有效都是好方法。我並不認為追求快感是壞事，但是快感無法累積，長期追求快感往往也有許多副作用。

而快樂是什麼？有人說快樂是財富、有人說是幸福、有人說是健康。但是真正的標準定義叫作「自我價值感高」，沒錯，快樂有學術上的標準定義。

自我價值感高說白話一點，就是覺得自己有價值，那這就是能夠累

加的正面情緒。相對於快感，快樂會是我們靠自己邁向好事的過程，屬於從0到1。也就是說，重點不是做什麼事情會快樂，而是這些事情對自身來說的意義才是快樂的根源。

有人加薪可以得到快樂，因為那是事業上的對他的認可。有人加薪卻只能得到快感，因為他的生活並不是很在意薪水，這個只能稍微讓他寬裕些。有人學習可以達到快樂，因為他迫不及待可以解決問題或是跟朋友分享，接著享受他人聚精會神聽你分享的眼神。有人學習可以得到快感，因為感受到自己身缺少知識但不知從何補強，所以趕快學習來壓壓驚。

從 -1到0，接著從0到1

所有短期的快感，幾乎都是來自缺少了什麼而想補足。而所有長期的累積，都是來自於多了什麼因此想前進。究竟要先有什麼才能快樂，或許只要想想，上一個讓自己覺得很有價值的時刻是什麼？

自我價值感很主觀，不用思考、不用邏輯分析、感受到有價值就是有價值。既然大腦常常讓我們產生有在思考的錯覺，那麼，就用一樣的方法反將大腦一軍，不再精疲力竭的思考如何做自己、自己要什麼。試著回想那個覺得自己充滿價值、被鼓舞的時刻，接著設法複製這樣的環境來前進。最終，我們會有越來越多關於快樂的自我累積，終於也能邁向做自己的道路。

在人生的路上，或許會出現我們曾想成為的人，想著「如果我是他就好了」，可能是意見領袖或是追蹤對象之類的。一旦發生這樣的情

況，那是因為覺得自己沒有價值，所以才想成為別人。若持續認為自己毫無價值，那是不會產生真正快樂的。

我們最好的終點，不是成為你所渴望的他人，而是重新成為自己。其實，這個世界上從來都沒有做自己這件事情。只有做了決定之後，是否還喜歡自己。

7.2
沒有比較沒有傷害？
反而更會自我傷害

——比較是生存的天性，學會保護自我才是生活的關鍵。

在全球226個主權國家中，基本上有超過180個都達到「人民擁有自由」的標準，我們可以選擇自己的生活，自己的質量，自己的打拼，自己的歸宿。但即便如此，我們還是會因為羨慕他人，讓眼光變狹隘，讓人生道路變得單調，只剩下許多充滿荊棘的選擇，從此不再自由。

在筆者還小時，家裡環境比較差，沒有出過國的我最嚮往的就是美國，對美國的認識多半來自東森洋片台跟 HBO 播放的電影。這樣的憧憬持續延燒到大學，認識了來自美國的交換生，跟他對談時發現那些美國電影裡演的都是真的、不論是到朋友家開趴、還是一群人在海灘喝啤酒、或是1.5倍大的漢堡，還有很寬很寬的馬路，這些都是我心中富有與自由的想像。然而，他卻輕描淡寫地帶過這些生活，並且認為「Life Sucks」，那個剎那讓我想要跟他交換人生算了，你不珍惜就我來享受。

然而，多年過去了，我突然想通這並非是表面的身在福中不知福，而是每個人都會有的「自我價值感」課題。自我價值感是比較出來

的，不論你出身是 +9 平民還是 +999 皇族，只要有人遇見 +10 平民或是 +1000 王子，立即就有一種矮人一點，自我價值感低一點的感覺。

什麼是自我價值感呢？在 MBA 智庫百科的定義為「自我價值是指在個人生活和社會活動中，自我對社會作出貢獻，而後社會和他人對作為人的存在的一種肯定關係。包括人的尊嚴，和保證人的尊嚴的物質精神條件。自我價值的實現必然要以對社會的貢獻為基礎，以答謝社會為目的。」這段話聽起來很鄉愿又庸俗，這年頭大家都在追求自我價值而活，怎麼會有人鼓吹要對社會奉獻才有價值？不要比較不就好了嗎？

沒有比較沒有傷害？
沒出家的都變自我安慰

很多人都會說不要比較就會幸福，但最後都會長出奇怪的副產品—無力感。就好像是出家的人沒有一日成佛的，每個人都是先進入那個與世隔絕的環境，才有那麼一丁點機會思考成佛性。若你說可以在世俗中相處卻能斷絕一切誘因，不，通常是不可能的事。你會藉著很多的「無所謂」與「沒關係」來掩蓋你的無力感。不是因為你放下，而是因為就算努力也改變不了什麼。但比起努力而失敗，這種未經戰鬥而直接認輸的無力感，會帶來的恐懼是 10 幾倍大的。

人為什麼會「比較」？說白了這是生存的天性，透過比較來找尋改變與成長的動力，以便在物競天擇的世界中演化下來。既然如此，又為何要刻意避免自己去做任何比較呢？

以前筆者曾相信「逃避雖然可恥，但有用」，但後來發現逃避基本上是無法逃離社會連結，多半的英雄片與故事告訴我們，雖然選擇起身戰鬥不一定讓故事有個 Happy Ending，但選擇逃亡的話則遲早要拍續集，然後讓你身邊在意的人陸續領便當。

別逆著天性，而是要換個遊戲

「比較心」其實是最公平的，因為你可以輸得痛苦，也可以贏得精彩。若你人生遇到困境，或許該做的不只是研究如何突破，而是換個規則比較。就像一個天生的足球選手，叫他打籃球可能要鑽研10幾年才稍微能跟職業玩家較勁，但上了足球戰場卻是直接找到了天職。畢竟選擇比努力更重要。

關於選擇並找到天職，這不是一個孤獨的旅程，而是持續蒐集世界給你的回饋，讓你慢慢自我修正的過程。我們雖然無法成為改變整個遊戲當 GM（Game Manager，即遊戲主持者），但我們可以在回饋中弄清楚遊戲規則，掌控規則、掌控環境、進而掌控自己。（技術細節詳情請見：《3.1 溝通力：講得清楚但仍被提問？那是因為你沒看透對話「局」》）一個不懂建商或二代文化的窮孩子，終將可以在不斷的商會相處中找到生存與被喜愛的公式，一個深陷於家庭保護傘的孩子，也可以偶爾成為肝指數當計分板的工作狂。

為了追求幸福，做了什麼從來都不是重點，用什麼身分又在什麼環境做了什麼，才是關鍵。

什麼是幸福快樂？就是自我價值感高

關於如何幸福快樂，有人說是健康、有人說是財富、有人說是善良、有人說是知足，但也有人說那些會講前者言論的都是站著不腰疼的人。《寄生上流》中有一句很震撼的台詞：「如果我也一樣有錢的話，那我也可以很善良啊」畢竟每個人幸福的感受都不一樣。但有一個人性上的肯定是「我們都想要回饋」多半人都會說為善不用回報，但肯定想要有點回饋。就算當事人不知道，你也希望被人看到、誇個兩句、或是給予一個感謝的微笑。

最後，來說說快感跟快樂的差別何在。很多人會認為追求快樂就是徹底的自由與放縱、完全的投入自己喜歡的環境中。基本上這個想法對了一半，另一半則是一個誤區：這個說法會無法分辨出快樂跟快感的差異。

假設你是個在家不動的廢宅尼特族，而你爸媽走進房間叫你出去找工作，這時，有兩種奮鬥路徑以供選擇：

A. 選擇跟自己的懶癌對抗，起身出去工作。
B. 選擇跟爸媽的質疑對抗，靠著清楚的思維辯論獲勝。

A 與 B 都是條路，世界上沒有錯的路，但在統計概率下，前者會帶來快樂，後者則會帶來快感。快感是一時的，快樂才是一世的。原因正是快樂是提高自我價值感，而快感是在阻止自我價值感降低。當你靠自己的力量與爸媽對抗奮鬥，最後成功地說服他們不要管你，這時會獲得快感，因為你從爸媽的質疑（降低自我價值感的因素）中脫

離，但你仍然沒有找到提高的方法，就像是止血但不縫合。

　　而快樂，正是縫合的關鍵。快樂象徵的是你不用再努力來逃避，而是建立起一個自己給自己的成就感，從小事到大事，溪流雖小，終成江河。

7.3
自我價值還是自我膨脹？
找到你的反脆弱策略

——在職場上逃避並不是方法，正面解決問題才是最有效。

在很早很早以前，Google 導航還不準，照著走會走到田裡的時代，幸好還有那一個東西叫做紙本地圖，雖然無法幫忙導航，但我們還有雙眼可以仔細地確認方向。在鄉下找路時，除了仰賴地圖，還必須倚靠自身的方向感跟記憶分辨往左還是往右。這時的你若是貪懶不想停下車確認地標，硬是把全程路線背下來，死都不拿出地圖來看，通常迷路的機率是87%。但，若你每走到一個路口，就認命的停下車查看地圖要往哪個方向前進，雖然心情浮躁、時間拖延，可最終會穩穩到達目的地。你以為這裡要講的是慢慢來比較快？不，而是要討論沒有方向所以胡亂前進的人。

一個人若不知道方向，只知道一直學習，不斷上課，然後每天懷疑說：「我這樣的經歷會有公司要錄取我嗎？」「我真的有價值嗎？」其實這種人很多，你肯定遇過，甚至有可能也是你。

現代版認知失調的疫情

這是一個現代社會變化版的「認知失調」，還沒到病理化的程度，

卻存在於許多 Y 世代與 Z 世代人的心中。每個人身邊多少都有這種人，若你身邊找不到，那你通常就是那個人。就好像遠距離戀愛的人一樣，在剛分離時愛的都是真實的對方，但在一陣斷斷續續的聯繫後，最後愛的都是心裡想像的他。而為了不要每次愛上的都是心裡的他，我們需要的是時常聯繫，隨時校正歪掉的指南針。

人生的發展也是這樣，若你或你朋友有「前進焦慮症」（並非現實實際病症，舉例而已），雖然有持續的學習與累積，但總是不願真正投入職場（或正式工作場合）、發揮實力的話。請記得一個方法，那就是「微痛的停一下」。對，就是停下來。一直學習或是不要面對現實很爽，而面對的痛苦可能會打自己長期經營一巴掌，但不論如何就是停止學習一下，然後跳進戰場確認自己走到哪裡，直接檢查現在的自己是否夠水準到還過得去的地方工作。

如果你有幸找到一個收留你或是需要你的位子，就先去那位子上待著，待到你發現這並不是自己要的，再跳出來繼續學習，並且需要一點紀律與自律。聽起來好像不太必要嗎？現在來分享有人選擇讓自己爽時，會發生什麼事：在日以繼夜的學習下，進入了30幾歲，總相信自己學到很多，只是時機不好所以沒有人主動來找。於是，持續告訴自己，但更多的是怕自己學了30年的東西或是相信了30年的東西都不真實。這時，將會開始發生一些失調的前兆，例如懷疑自己是否有價值。

若你是富二代，想要證明自己的工作能力，但因為沒有工作經驗所以做得一塌糊塗。若你對情感有點自信，可能會想要結婚，然後嫁一

個或是娶一個有好背景的另一半，並期待對方照顧自己。若你平庸如我，那你可能會在人力銀行看著職缺並感嘆台灣薪資好差，但還是猛丟履歷。若你有多次的出國旅遊經驗，又不怕外國人，不妨到國外打工度假，打算把問題拋到二～三年回來後再說。

每種身分都有一種專屬的逃避姿勢。自我價值認知壓力，就像是在玩一二三木頭人而你當鬼，若你一直不睜開眼，可能就會被秒殺。麥肯錫的一份報告指出，適當的壓力會創造好的挑戰，但大過頭的壓力則會困住你、讓你逃避。而自我認知的壓力往往會隨著時間越來越大，也就是說，越早面對現實，就越有大的概率克服挑戰。

最後多半是自我懷疑到無法面對事實，接著自暴自棄覺得自己人生就這樣了，接著在人生機會成本更高的年紀又歸零重來。所以最後的理性結論是，早早微痛，晚晚大痛。

脆弱的反面不是堅強，是反脆弱

這樣的觀念並非由筆者獨創，而是一種生活的「反脆弱策略」。反脆弱[8]是脆弱的反義詞，但，首先來認識關於脆弱的光譜：

脆弱 ------ **堅強** ------ **反脆弱**

假設你把玻璃杯丟到地上，玻璃杯會碎掉、不可復原，玻璃杯是脆弱的。若你施予籃球一些壓力，它會被壓扁一陣子，但鬆手後就會馬

上復原，代表籃球是強韌的。若鍛鍊自己的肌肉時，肌肉不只會復原，還會變得更發達，表示肌肉就有反脆弱性。

　　簡單來說，反脆弱代表的是能夠從不確定、厭惡、恐懼、討厭的事物中獲利者，都是反脆弱的一環。就像是疫苗的原理一樣，把病毒注射到身體裡，竟然可以強化身體對抗該病毒的免疫能力。這年頭只有堅強是不夠的，只能在洪流中卡住不被沖走，但終究無法前進上岸。若你具有反脆弱性的話，那就會印證「凡殺不死我的，必使我強大」一言。

脆弱	摔玻璃球		玻璃球碎	
堅強	摔鉛球		地板破	
反脆弱	摔彈力球		球彈更高	

---

8 由納西姆‧尼可拉斯‧塔雷伯（Nassim Nicholas Taleb）提出。納西姆致力於研究不確定性與機率，並著有《黑天鵝效應》、《不確定陷阱》、《隨機騙局》等書。反脆弱此一概念，在《反脆弱》一書中有詳盡的解釋。

如何完整的建立你的反脆弱策略

難道只要挑戰痛苦的事情，就能培養反脆弱性嗎？這個想法對了一半，但少了下半段，畢竟不是做什麼事情都能培養反脆弱。

👤 步驟1　降低過度干預

如果你一發慌就拿出手機，一疲累就倒頭就睡，一感到未來沒希望就瘋狂上課補強，久了就沒有抵抗誘惑的能力，這是長期過度干預導致的。這種干預會讓你失去抗體的特性，就像遇到大小問題都天天吃藥一樣，很多時候反而會吃出抗藥性然後讓疾病更難治癒。到最後我們的終極進化型態就是凡事都要求保證，例如要保證消滅蟑螂就放火燒房子，要保證不會被騙就死守家產一世，要保證孩子上台大就從小灌輸自己的期望。適度干預能教出解決問題的能力，但過度干預會摧毀解決問題的能力。

👤 步驟2　減少不利因素，而非增加有利因素

不利因素指的並非是造成你大小不利與挑戰的那些小問題，而是會讓你徹底毀滅的等級。例如當一間公司快倒閉的時候，老闆還喊說趁機培養員工逆境求生能力，這就是過度不利的因素。而這類不利的因素則通常來自環境所趨，在傳統產業不容易看到轉型方向、在偏鄉學校浸染不到都市文化、一個人往往會高估自己的意志力，又低估環境的影響力，就好比在上班時，公司給你一個挑戰，你可以迎接去解決，但挑戰解決之後卻又是無限循環的救火，勸你還是換個環境會好很多。一間不斷需要救火的公司是沒有未來的。如同被迫不間斷的重訓，肌肉會因為缺乏休息與修復，導致無法成長或甚至壞死。若你每

天一睜開眼就得想著幫公司救火,當壓力過大,你甚至會無法關注自己的成長,甚至在過勞時,仍然無法整理出自己有何成長。

增加有利因素 = 不換環境,持續努力的習慣原本的問題。
減少不利因素 = 換環境,將努力投注到更適合自己的地方。

如果你已經看出自己前面的路途不明朗或缺少發展,或許應該先轉行,而不是繼續鑽研該行的深度技術。凡殺不死你的必使你強大,但殺的死你的肯定絕對不會讓你強大。

👤 步驟3 兩個極端策略,帶給你損失有限,回報無限

干預也少了,環境也換了,下一步我們將主動出擊。而這個主動出擊的方式,來自一種策略叫做「槓鈴策略」(barbell strategy)。這個策略不需要帶有太多背景知識也不用太完整的分析(至少日常生活等級通常不用),是指兩個極端策略同時執行。

如果你是保守的人,可以用10%~20%的資源去執行前衛的策略。不是因為前衛好,而是為了避免押錯寶導致全盤皆輸。畢竟在風險問題發生之前,我們都不知道這些究竟是自我挑戰還是真實地摧毀人心。槓鈴策略的操作通常是用在財務投資,但也適用於人生投資。有一部經典電影叫做《大賣空》,故事中第一個出現的主角是一個紐約華爾街基金經理人,個性怪異但預測到了金融海嘯即將到來,因此買了一個跟整個市場對賭保險,當市場崩盤時,他獲得數以十倍的基金投資收益。

以全球500大企業來說，雖然有90%的營收來源都是既有穩定的產品線，但他們仍然會虧本的投資或是發展許多高風險的新產品或服務，以避免有一天傳統市場崩盤時會失去一切。例如量子電腦就是一個經典的範例，不論是 IBM 還是其他科技巨頭，幾乎有足夠資源的人，都會對這個燒錢又還沒商用的項目有鉅額的投資，為的就是有一天，量子電腦會成為科技業的黑天鵝後席捲世界。

若你是一個遇到問題常常自幹，但持續沒有前進的人，可以配置20%的時間與可支配所得去學習如何更有效率的解決問題。例如，做營銷的人就去看看國內外的高手怎麼下手，做教育的就研究比對自己的教材與別人有何差異。

若你是一個瘋狂上課但都停留在思考而無實踐的人，這時可以配置20%的時間與可支配所得去實踐自己的所學知識。例如，學習投放廣告，不如試著販售商品然後賠錢換經驗；學做設計，不如將作品放到網路上看評論。不論如何，請投入10% ～ 20%的成本到那些讓你微痛的事情上。

水能載舟，亦能覆舟

若你想說服身邊看似慵懶的朋友也一起自我強化跟升級時，請記得在他真的跌入谷底或有想要變強需求時再出手。畢竟人的信念也是具有反脆弱性的，假設你說服不了他，那他反而會把你的言語當成一種挑戰，而透過拒絕與反駁你，來更強化自己應該維持原樣的信念。

　　若我們是長期維持原樣而不前進的當事人，那或許並非是自己的錯，而是在成長的過程中，有太多時機不對的激勵與說服了。

7.4
夢想這條路上，
跪著肯定走不完

——有效的知識才能讓人生走得平順。

　　很多人會說努力不一定成功，但不努力一定不會成功。這說法部分正確，但僅止於部分。人是一種專注於一個目標後，就會忽視其他潛在危機的動物，這又稱為顧此失彼。就像聽完一場激勵人心的演說、或是看完一本覺得改變自己人生許多的書籍時，內心情緒就被策動了，開始專注於手上的每一件事情，但這個時候，我們的風險偵測器也悄悄的失靈。

　　當我們被努力主義時沖昏頭時，請務必冷靜，然後問出那個重要的問題：「努力是成功的要素之一，那麼，其他要素是什麼呢？」

　　在薩諾斯的家鄉泰坦星，可能會有一句名言：「蒐集到一個寶石不一定能消滅一半生命，但不蒐集肯定不能消滅」回到地球，當我們確認欄位空出來時，接下來的問題是：我們還有什麼要素應該填入？

　　先破梗結局：關鍵答案是「知識」，但這是排除了「聰明」與「經驗」後，所得到的更精準答案。筆者一直提醒，需要將經驗轉化為知識，反對未經思辨的經驗擅自成為知識，因此，要不斷對自己說，針

對一項經驗需要狂找反例訓練思辨能力。

有人認為線上課程就是在販賣焦慮，那麼就要去確認是否為焦慮的出口；有人說工作的重點是心態，那麼是否要嘗試心態之外的事情。有些觀點被親口講出來的不一定是事實，若要找到真正的知識、而非個人經驗，就要努力挖掘「事實」。

筆者以一張圖來呈現，就會是如此：

經驗很可能只是倖存者偏誤

經驗是多數人學習的來源，但為什麼筆者會認為經驗不 OK 呢？假設有個人對你說：他的成功是因為他夠堅持夠努力、看見未來或是擁有直覺。看到這裡，你會覺得「恩，我一定是不夠努力」

但接下來，你得知一件事：「其實他會成功，是因為他使用了阿法構（這是筆者虛構的方法）的投資方式，獲得第一桶金後才能創業成

功」。這時，你肯定把專注力從「自己需要更努力」，移動到如何學會阿法構的投資模式。

接下來，又有消息說：「他之所以會學阿法構投資，是因為他在一個頂級富豪的 VIP 交流聚會中得知」你就會怨嘆自己別學投資了，學投胎比較快。

最後，你又被他重新告知一些訊息：「當初家裡一貧如洗，所以努力打工存下第一桶金，到了頂大念書才有機會結識到某個聚會上的朋友」你又會覺得努力才是關鍵。以上四個都是事實，只是在不同地方剛好想起不同的主題跟記憶，講者本人也無意隱藏。然而，在整個邏輯中，不論是投資知識、投胎、還是努力，全部都成了新選項。走遍了整個局後，就會發現經驗不是不能參考，若只聽片面經驗那將是多麼荒謬。

因為或許有人用了阿法構投資法慘賠？或許有人生在有錢人家裡卻賠光家產？或許有人打工努力賺錢進了頂大也沒遇到有參與 VVIP 聚會富二代？

我們永遠無法保證哪一個是成功關鍵，因為**成功從來都沒有關鍵，它是一個連續做出正確選擇的結果**。這時，可以放棄找尋關鍵，而是要找出每一次選擇時都盡可能幫助我們做對選擇的東西，而那就是經過驗證的「知識」。

知識其實很廣，如何把石頭丟到河的對面是知識，如何接近官二代拍他馬屁拿到好處也是一種知識，而知識這種東西最棒的就是：他比

經驗公平的多。有用的就是有用，沒用的再多都沒用。經驗不再適合現代世界斷定一個人價值的方式。

我們這輩子肯定要持續參考前人的知識來前進，但站上去前總要先確定自己站的是巨人肩膀還是臨建土台。真正的巨人肩膀，是知識；而知識除了自己大腦反覆驗證外，更也來自身邊的人。

人在世界很難找到定位，但是看看身邊後再看看自己，總能略知一二，世界看待你亦然。你身邊有誰將會真正定義你的公允價值，而這個什麼人跟什麼人合作的觀念，其實早已被一個古老的競技制度展現的爐火純青，那就是排位賽。

小孩子才拚經驗值，大人都打排位賽

有些人看似有20年經驗，實際上只是一樣的事情做了20年。有些人每天都幹掉一點比自己強的人，所以排位一直上升。在經驗值的維度上：只要努力就會多少成長，最後則看你表訂上有了幾分幾年經驗。但在排位賽中，除了打贏後會上升到新的世界外，打輸可是會掉排位的。在排位賽中，最終的審視結果並非數字的累積，而是你的能力符合哪個層級的群組。

以前我們總說有錢人用關係做生意，事實上關係本身就是種信任保證，因為你能混到某個頂級人員旁邊，然後被他介紹去提供專業服務，你的專業能力應該也不會太糟糕。

在排位賽中的規則就是，你前進的速度比同群人慢的話，那麼，遲

早要下放到其他牌局。但若你超越同桌的人，就能獲得越級打入場券。

經過思辨的知識，才能做出對的選擇

只要取得經過思辨的知識，才能做出對的選擇，而做足夠多的、對的選擇後，這時排位的名次就會上升了，到了新的牌局，又能獲得更多知識，這是一個很美的正向循環。

這是一本筆者寫給年輕人的書，我們都背負著主宰下一套遊戲規則的義務，所以更要幫助最多的人弄懂遊戲規則，然後一起讓世界變得更好。

或許終有一天你會成為下一個權力顛峰擁有者、也可能是一個看透浮世萬千後終於找到自我者。但不論如何，我們不過都是光陰百代的過客，真正能留下的，正是知識。

7.5
遇到衝突怎麼辦？
試著衝突外部化吧

——釐清客觀事實，不要用情緒性的回答讓對話直接爆掉。

「對事不對人」這是在團隊之中最常聽見的一句話，但即使你對事情客觀描述，還是會發現有些人會將錯誤「內部歸因」，認為都是自身問題。試著將錯誤外部化，讓討論的焦點不聚焦在人的身上，才能落實真正的「對事不對人」。

衝突的發生，多半不是我們不願溝通，而是機會稍縱即逝。溝通與同理需要時間，但職場本身就是一個節奏飛快，且陌生人來來往往頻率較高的場域，可能這個人只是一刻的萍水相逢，或是工作之急導致你無暇深思對方或是下屬的想法，所以比起關注對方的感受、站在對方角度去思考如何開口，以務實面來說，頂多也就是把話講清楚。

大家都把話講清楚就很OK，但若是碰上新進人員或首次合作的窗口時，彼此之間會有一種說不破的距離感，溝通的內容幾乎離不開敬語與尊稱，一個不小心可能講了一堆、寫了一堆，卻沒提到重點，埋下日後互相傷害的障礙。

筆者早期擔任HR時，就曾碰過類似的事情。新同事是負責整理會議紀錄與統整To Do List的夥伴，在某一次會議之後，看著他所整理

的會議紀錄宛如「夢遊仙境」般，諸如「將那件事情交給○○窗口處理」（沒錯，他沒有寫下前因後果，就在會議紀錄使用了「那件事情」來代稱整個工作）。一般而言，應該要詳列出是哪件事情，以及處理的方式。可惜的是，這個 common sense 並不在新同事的範疇中，當我詢問他為什麼會這樣寫時，他滿懷著信心地回應我說：「沒關係，以後大家問我就好，我可以幫大家說明」。

「為什麼會這樣記錄？你有想過會議紀錄到底要幹嘛的？」「用腦想一想！」有的激烈，有的消極，但老鳥們口徑一致像是開批鬥大會一樣。每個人雖說沒有生氣，但語氣帶著酸味來回「說教著」。只見新同事笑得尷尬，說一聲「好，對不起，下一次我會改進」來結束這回合的批鬥。

當下，新同事雖然說「好」，但這種回應很可能只是想要先停止傷害，心中真正想傳達的是：「停下來，我很痛！」因此，這時候說出的「好」，表示他並未真正的思考。

整個過程沒有吵架，但本質上就是老鳥認為新人犯了基本錯誤沒有 sense，而新人又反射性的想保護自尊。這就是一種隱性衝突，目的並未達成，卻使得彼此之間距離卻更遠了。

衝突發生時，首先要先瞭解衝突

遇上衝突時，我們都知道要冷靜清晰的溝通，但實際面對時，卻容易會有想罵髒話的衝動。衝突本身是一種認知，客觀的事實發生時，透過當事人的理解與詮釋，便會在當事人心中留下一個認知。

首先，我們要釐清客觀事實。例如，「這個會議紀錄做得很爛」就是一個不客觀的描述。一個客觀的錯誤描述中應包含：錯誤點與衍生結果，所以我們應該詳細解釋：「這個會議紀錄中使用了『那件事情』的用語，會讓人在未來查找時，無法快速想起當初討論的事件，進而失去了會議紀錄本身的提醒目的」。

一旦說出了「爛」字，那就是把事情拖到價值觀層級的爭執。如果這時犯錯的人個性再硬一點，就會進入一種：「為什麼這個是爛，那你做的又好到哪裡去？」接下來就會意氣用事的互相證明對方是錯的。面對他人的犯錯，你必須分清楚，此刻你是想解決問題，還是單純想透過貶低他人來宣洩情緒。

這時，我們只需要記住一個最小的資訊：有其他原因使得這個錯誤發生。透過一樣的學習過程，每個人會做出來的成果並不會相差太多。今天某人犯了一個錯，多半是在過去的學習過程中，忽略的某些關鍵細節，或者被下了什麼不合理的指令或暗示。

接下來，我們開始透過問話的方式，找出問題的徵兆點：

問：「以前有人教你怎麼做會議紀錄嗎？」
回：「不知道欸，以前看別人是這樣做，所以就沒多想了。」
問：「所以是『以前的你』告訴你要現在這樣做囉？」

在此討論的關鍵是，無論如何都不要讓現在的錯誤歸咎於現在的自己，這是一個把彼此自尊都抽出來的就事論事技巧。接下來的對話，就會朝向「以前是考慮到○○問題，所以都會用代詞來記錄」接著，

就可以順勢講出「但現在的你，要做出一個讓所有人看到就能馬上理解、不用特地問你的紀錄，你會怎麼寫？」

回：「我應該會寫出○○○」
問：「還有呢？」
回：「還會寫出○○○」

　　雖然這段一來一回的過程多花了幾分鐘，卻是徹底地讓這件事情成為他自己的責任，而非是他逃避的場域。人都是有自尊心的，會下意識地推卸責任，這是正常的反射行為，除非是自制力非常強的人，或是本身就很能接受被批評。與其浪費力氣與對方鬥爭，不如推給「第三方」，可以是一個想像的他人、或是過去的自己。在此，就是要切斷他跟第三方的連結，並建立起你跟他的連結。過去多半主管的作法不只無法跟新人建立連結，反而會把對方給推遠了，這真的很可惜！

「錯誤外部化」的關鍵訊息

　　主觀詮釋來自於三個元素：能力、意願、情感。當我們要詮釋一個工作時，會依照目前為止的能力、對這份工作的意願，以及對工作與他人的情感連結為主。換言之，若用舊式直接溝通或是怒罵的方法，那就等於是認為他過去到現在為止的能力都是 bullshit，他想參與工作的意願沒有被重視（就像已經很努力了，但沒有人 care 的無力感），以及他的同事與主管們不在意他的感受。在三種元素都被封閉的狀況下，他早已不想把工作做好、且進入自我保護機制。

　　因此，把「錯誤外部化」的重點是在於：

▨ 你的能力仍然不足，但不是現在的錯，現在還有機會變好。

▨ 我們有看見你的工作意願，只是方法不對，所以調整方法後就會變
好。

▨ 我在意你的感受，社群情感連結仍然存在。

在此從三個軸線上傳遞了完全不同的訊息，讓原本想要放棄的員工
能重新聽進我們所說的話。

7.6
健康是陪伴職場的
必備利器

——健康的活著,才有能力去享受人生的可能性。

　　如果你有觀察讓狂人飛的 LOGO,其實是以希臘神話中伊卡洛斯為原型,象徵即使是凡人之身,也想透過蠟與羽毛混制的翅膀,在天空中自由翱翔。「如果飛行高度過低,蠟翼會因霧氣潮濕而使飛行速度受阻;而飛行高度過高,則會因強烈陽光照射的高熱而灼燒,造成蠟翼融化。」在起飛前,依卡洛斯的父親曾如此告誡,但初次翱翔的依卡洛斯,未能克制這樣的喜悅,於是越飛越高,最終因為太靠近太陽,蠟翼被高溫融化,墜海身亡。

　　如同剛出社會幹勁十足的我們,面對工作上大大小小的挑戰,總仗著身強體壯,牙一咬便硬想撐過去。機會得來不易,案子來幾個接幾個,基本工時和勞基法,不是限制自己成長的理由。加班補進度,偶爾熬夜兩三天也是稀鬆平常,習慣的飲料也從咖啡變 Red Bull,也幾乎失去正餐的概念。

　　想在社會中與前輩拼搏,人脈技術經驗樣樣都輸,我們弱到只剩努力,但前輩也一樣努力。只好省下吃飯和睡覺的時間,換取更多成績與成長,把人際關係和身體健康都押進去,換來能跟前輩平起平坐。

跟創業家一起胖到一塌糊塗，與公關產業喝酒跟喝水一樣，時間一長，血脂血糖血壓跟著成長，加入三高行列，讓人不禁懷疑自己還能再戰幾年？

越資深越健康？倖存者教會我們的事

根據內政部108年度統計資料顯示，國人平均年齡已經來到80.9歲，而這個數字仍隨著醫療進步，每年一點一滴的成長。不難想像剛出社會的我們，人生終點或許該訂在下個世紀吧。

每天打開臉書，視線所及最健康的人，幾乎都是高階主管。國外影集中的厲害傢伙，幾乎都有良好的運動習慣。有人說這是倖存者偏誤，因為不健康的主管和不運動的厲害傢伙，都活不到被我們發現的時候。

不是想要努力成長，拿下夢寐以求的大案子嗎？想在自己喜愛領域耕耘，升遷到足夠有影響力的位置？期望有一天，也能開一家自己的公司？一旦病倒了，這些夢想就再也無法實現了啊！

長命百歲鐵三角，飲食睡眠加運動

▨ 飲食，尋求專業營養師諮詢

健康飲食的菜單非常多，從小學生都知道的六大類均衡攝取開始，網路上也有很多飲食方式的介紹。用餐定時定量，少油少鹽少糖，計算基礎代謝率，飲酒飲料適量，記得多喝水……，這些都是再基礎不過的處方。

若想進一步的調整飲食，建議尋求專業營養師的諮詢。透過科學與專業知識，針對個人狀況做客製化調整，應該會比自己胡搞瞎搞還要順利的多。

▨ 運動，找到一起堅持的戰友

如果在忙碌的工作中，還能維持每週三次的高強度運動，那你已經比大多數人還要好很多。除去時間因素，維持運動習慣最大的困難，就是缺乏一起堅持的戰友。

近年越來越熱門的健身產業，會是不錯的選擇，相較於傳統的每日一萬步或每週三三三[9]，健身房教練會提供你更全面的運動教學。針對個人身體強度，安排健身項目，也能校正錯誤的動作，避免因為運動傷害而造成反效果。

▨ 睡眠，是重新整理的好方法

最後則是有效睡眠，睡眠不只是單純的讓身體休息，同時也是重新整理，讓全身器官越來越強韌。而錯誤的睡眠習慣，甚至會讓你越睡身體越差，研究指出，週末補眠與平日作息的時差，每差一小時，心血管疾病的罹患風險也會提升11%。關於睡眠的正確知識與方法，礙於篇幅無法在此一一細說，可以參考台灣睡眠醫學學會，或者關注睡眠專家蔡宇哲老師，在詳盡的睡眠研究中，必能為你的睡眠品質大大加分。

上述方法，只要有心都能達成，問題在於，是否有自制力來堅持下去。明知道今天已經喝了兩杯飲料，同事揪團叫外送，還是忍不住跟

單。為了結案，已經熬夜趕工兩天沒睡，卻還是答應夜唱慶功的邀約。難得有完整假日，休息也足夠了，卻硬是躺在家裡不出來走走。你缺乏的，只是最後一塊名為「動機」的拼圖。為什麼要努力呢？為什麼要變得更強呢？為了追求幸福，所以想要變強，為了變強所以更努力，而健康的活著，才能讓我們不斷努力，且有機會享受到最後的幸福。

---

9 1975年，由美國運動醫學會首先發出運動指引。每週至少運動三次，每次至少運動三十分鐘，且每次運動後的心跳速率需達到每分鐘一百三十次以上。可有效提升心肺耐力與體適能。

7.7
職場禮貌要邊看邊學

——做事簡單，做人不容易，閱讀空氣是社會人士的必須。

　　筆者進公司兩年左右時，加入了兩個新人，基礎行政和適應公司等基本課題，便由自己來帶領他們熟悉。兩位工作能力相差不多，對公司所交付的任務沒有太多困難。但在性格與生活習慣上，卻截然不同，其他同事對兩人的態度也因此天差地遠，而我該做的事，就是設法找到關鍵點，讓所有新人都能順利融入團體。

　　A 的性格落落大方，對任何事物都充滿幹勁，非常熱情有活力，是個不拘小節的人。剛開始沒發現什麼問題，但隨著時間觀察下來，隱約可以理解，同事們因為一些細節感到困擾，但又因為這些問題太過枝微末節，也不好意思提出，反而成為最尷尬的相處狀態。

　　與人對談時，A 的音量很大，偶爾率性大笑甚至會驚動到整間辦公室。工作時習慣轉筆，但時常掉落桌面發出聲響。思考時頻頻用手指敲桌，不自覺的發出嘖舌聲響。電子郵件署名只留姓名，時常忽略稱謂或收件人加密。東西隨手會遺落在辦公室各處，傳遞小文具的時習慣拋接……

　　B 的性格幾乎與 A 相反，說話輕聲細語，幾乎只有跟他對話的人聽

得到。動作像貓一樣輕手躡腳，連在桌上放一支筆都沒有聲響，個人物品管理嚴謹，只會出現在自己的座位上。除非你主動找他，否則你根本會忘記他還在辦公室裡。光看他提交的文件，不到資深的專業，但絕對看不出是個未滿半年的新人。

不同的性格各有好壞，相同性格的人，在同事心中的評價也不會相同。相較之下，禮不禮貌對職場關係的影響顯而易見，容易冒犯他人，被討厭是遲早的事。但禮貌實在是太過抽象的概念，甚至每個前輩對「禮貌的表現」也有不同理解，我們該如何成為有禮貌的人？

禮貌的核心概念，在於不造成他人困擾

如同漫畫《獵人》中的念能力，每個人身上都會有特定的氣場。有些人熱情溫暖，有些人卻銳利的像會刺傷人。有些人不會意識到他人的觀感，隨意讓氣場騷擾整個場域；有些人則會觀察環境氛圍，讓自己的融入環境和團體；有些人則像 B 一樣，時刻審視自身的氣場，有意識的控制收斂，讓自己潛伏在環境中，不讓任何人注意到自己。

如果講「氣場」太過抽象不好理解，可以代換成下列幾種實際行為。說話音量的大小，會不會干擾到對話者以外的人？自身肢體的控制協調，會不會時常失手碰倒物品？再將個人行為往外延伸一點，個人物品的控管，會不會侵占他人的領域空間？每一份交付的報告或信件，會不會有所遺漏，使得對方感到困擾或尷尬？說話內容穿插的用語或笑梗，會不會讓在場的各位無言以對？

在醫院工作的朋友曾說過：「若你想被特別指導，那你最好表現的

醒目一點。」而他配戴的鮮紅色聽診器，確實也讓他在晨會時常被點名。保有個人特質不是壞事，但若這些性格「彰顯」到令人困擾，那肯定不是一件好事。除非你的能力夠強，讓同事願意包容你這些小缺點，否則在表現普通的情況下，這將會是你被離職的最後一根稻草。

前輩很棒，學學前輩

個人禮貌的養成，大多來自家庭教育，不同的生活背景，最終都會演變成工作習慣的一部分。如同豎起大拇指的動作，在不同國家有截然不同的意義，各種行為的細節變化，給人的觀感也會有巨大差異。

單純把「請」、「謝謝」、「對不起」掛在嘴邊的有禮貌運動，並不能使你成為別人眼中的有禮貌之人。而職場禮貌則更為複雜，不只是人際相處，行業內規和職場文化都會使你所處的環境，衍生出獨特的「有禮貌公約」。

想理解這份沒有白紙黑字的公約，最好的方法就是尋找一個對象來學習。在你的職場環境中，誰的人緣最好，與同事合作最融洽，讓後輩尊敬、長官信任，那就是最值得你學習的榜樣。

觀察他的一切行為，有哪些事是你還沒做過的。信件結尾的開場語和署名，有哪些特定的格式；與客戶約定商談時間，會先確認哪些細節；接下老闆指令時的回應，包含哪些內容資訊；同事請求支援時，如何安排優先順序……。一切的行為都會有背後的原因，理解原因才能對職場禮貌掌握透徹。

以人為鏡，時時自省

如果在你身邊，會有前輩或同事能直接提醒你錯在哪裡，讓你能成為更好的職場人模樣，那你非常幸運。若無人指點，且身邊沒有可效仿的榜樣時，沒關係還有最後一招，請透過更多的觀察與反思來改進即可。

做任何行為時，隨時思考此刻的動作，會不會影響他人。與朋友激烈討論過後，詢問在場的第三人，剛剛的話語是否太過尖銳。想與主管深入對談或做重大決定之前，先告訴同事自己的計劃，找出個適當的規劃。

學習職場禮貌，融入工作文化，也是職場社會化的重要過程。沒有特別的捷徑，仔細觀察，相互討論，時時自省。掌握基本的做人原則，分辨出每個環境的行事慣例，別讓禮貌成為你最大的缺點，讓禮貌為你的職場能力再加分！

職場新鮮人教戰手冊
──社會要你學走，我們讓狂人飛

作　　者｜讓狂人飛
　　　　　洪璿岳、林佳瑾、許皓鈞
內容顧問｜許皓甯
發 行 人｜林隆奮 Frank Lin
社　　長｜蘇國林 Green Su

出版團隊
總 編 輯｜葉怡慧 Carol Yeh
責任編輯｜鄭世佳 Josephine Cheng・黃莀菁 Bess Huang
責任行銷｜朱韻淑 Vina Ju
封面裝幀｜柯俊仰
內頁排版｜黃靖芳 Jing Huang

行銷統籌
業務處長｜吳宗庭 Tim Wu
業務主任｜蘇倍生 Benson Su
業務專員｜鍾依娟 Irina Chung
業務秘書｜陳曉琪 Angel Chen・莊皓雯 Gia Chuang

發行公司｜悅知文化　精誠資訊股份有限公司
　　　　　105台北市松山區復興北路99號12樓
訂購專線｜(02) 2719-8811
訂購傳真｜(02) 2719-7980
專屬網址｜http://www.delightpress.com.tw
悅知客服｜cs@delightpress.com.tw
ISBN：978-986-510-146-6
建議售價｜新台幣320元　　　　首版一刷｜2021年06月

國家圖書館出版品預行編目資料

職場新鮮人教戰手冊：社會要你學
走，我們讓狂人飛 / 讓狂人飛著 --
初版. -- 臺北市：精誠資訊股份有限
公司, 2021.06
　　面；　公分
ISBN 978-986-510-146-6（平裝）
1.職場成功法

494.35　　　　　　　　　110005687

建議分類｜商業理財、職場工作術

線上讀者問卷 TAKE OUR ONLINE READER SURVEY

這是屬於我們的時代，
學習適合我們的知識，
燃盡我們的光陰，
走出我們的方向。

────────《 職場新鮮人教戰手冊 》

請拿出手機掃描以下QRcode或輸入
以下網址，即可連結讀者問卷。
關於這本書的任何閱讀心得或建議，
歡迎與我們分享 ⌣

https://bit.ly/3rxJfNy